TRAITÉ ÉLÉMENTAIRE

D'AGRICULTURE

ET

D'HORTICULTURE

AVEC

Notions sur les amis et ennemis du Cultivateur

PAR

O. LECIGNE

Instituteur

2ᵉ édition, revue et augmentée

rédigée conformément au nouveau programme des écoles primaires
du Pas-de-Calais.

ARRAS

Imp. Rohard-Courtin, place du Pont-de-'Cité, nᵒ 6

1892

INTRODUCTION

L'agriculture n'est pas qu'un métier ; c'est un art, une science.

En effet, en présence de la redoutable concurrence qui nous est faite par les nations étrangères et surtout par le Nouveau-Monde, qui nous inonde de ses produits grâce à leur prix de revient excessivement restreint, aux facilités et à l'abaissement des prix des transports, la pratique, encore moins la routine, ne suffisent plus ; il ne s'agit plus seulement de produire, mais d'arriver à des conditions de production nous permettant de lutter à armes égales avec nos rivaux.

Il est donc nécessaire de répondre au vif mouvement de l'opinion publique qui s'est émue de cet état de choses en encourageant, en propageant l'étude du premier des arts.

De nos jours, combien de jeunes gens désertent la campagne pour courir, dans les villes, après un avenir bien souvent chimérique ! Quelle erreur !

Faisons aimer la campagne, la vie rurale et le toit

paternel ; et nous rappelant les paroles de Sully :
« Tout fleurit dans un Etat où fleurit l'agriculture, »
ne négligeons rien pour arriver au but.

Continuez, chers enfants, à aimer votre village, le
toit qui vous a vus naître, les champs où vous acquer-
rez force et santé. Intéressez-vous aux travaux de la
ferme, aidez vos parents et complétez sans cesse vos
connaissances agricoles, car en agriculture le travail
seul ne suffit pas, l'intelligence doit marcher de conserve.

Écoutez les leçons de votre maître, mettez en pratique ses conseils, mais surtout restez, oui, restez sous
votre toit rustique.

O. L.

TRAITÉ ÉLÉMENTAIRE D'AGRICULTURE

I. — L'AGRICULTURE

L'agriculture est l'art de cultiver la terre et de lui faire produire, en aussi grande quantité et à aussi peu de frais que possible, les **plantes** utiles à l'homme et aux animaux qu'il entretient.

L'agriculture est la mère nourricière de tous les peuples, la source de toutes les richesses, la base de la fortune publique dans toutes les nations. Quand l'agriculture souffre, tout le monde s'en ressent. L'agriculture a été en honneur dans tous les temps, aujourd'hui plus que jamais, parce que c'est sur elle que reposent la prospérité et la richesse de toutes les nations civilisées.

Qualités nécessaires au cultivateur.

Les qualités nécessaires au bon cultivateur sont: l'instruction, la vigilance, l'ordre et l'économie

L'instruction lui permet de profiter des nouvelles inventions, de faire des expériences de culture, et de tenir une bonne comptabilité. La *vigilance* procure de grands avantages par l'exécution des travaux en temps opportun. L'*ordre* amène l'aisance ; le désordre est le chemin de la ruine. L'*économie* lui permet de faire face aux mauvaises années et d'augmenter son patrimoine de quelques parcelles de terre.

Entretiens.

Qu'est-ce que l'agriculture ? Cette science est-elle importante ? Quelles sont les qualités nécessaires au cultivateur ?

II. — LES PLANTES

Dans le langage ordinaire, plantes et végétaux sont synonymes ; mais, scientifiquement parlant, les plantes ne forment qu'une des classes des végétaux proprement dits, classe la plus étendue, comprenant les herbes, les arbrisseaux et les arbres.

Disons en passant que le nombre des végétaux connus est immense et que le chiffre des espèces possédées par le Muséum de Paris dépasse 120,000.

Salutaires ou nuisibles, les végétaux sont des êtres qui naissent d'êtres semblables à eux, croissent et meurent, après un temps ou moins long, sans avoir, comme les animaux, la faculté de sentir et de se mouvoir.

L'embryon est la plante à l'état naissant, qui sort du germe de la graine.

Au printemps, sous l'influence de l'air, de la chaleur et de l'humidité, la graine se gonfle et l'embryon apparait, élevant en l'air sa frêle tige, enfonçant en terre ses racines déliées.

Cette plante nouvelle grandit et se développe à son tour avec ses fleurs et ses graines.

Une plante a une racine, une tige, des feuilles.

La **racine** s'enfonce dans la terre et y puise les substances dont le végétal se nourrit. C'est en quelque sorte le cœur de la plante.

Une racine est **pivotante** quand elle pénètre perpendiculairement dans le sol en formant une sorte de pivot ; **fibreuse** quand elle est composée de fibres très déliées ; **tubéreuse** quand elle est formée de masses charnues. La racine de l'orme est pivotante ; celle du paturin est fibreuse ; celle de la pomme de terre est tubéreuse.

La **tige** s'élève dans l'air et supporte les branches.

Les végétaux **herbacés** ont leurs tiges molles et flexibles ; les **ligneux** ont leurs tiges dures et résistantes.

Au centre de la tige est la **moelle**, qui est molle, puis vient le bois, qui est dur, enfin autour est l'écorce, qui est verte et se laisse enlever par bandes.

Le plus grand des végétaux est l'arbre.

Signalons cette particularité, qui nous montre comment, pour lui, se produit la vie. Si on vient à abattre un arbre, on peut compter aisément sur la coupe transversale du tronc, un certain nombre de cercles ou couronnes concentriques Chaque couronne représente la production d'une année et on arrive ainsi à connaitre l'âge de l'arbre par le nombre de ces couronnes, qui sont distinctement séparées les unes des autres.

On donne le nom d'**aubier** à la partie peu résistante comprise entre l'écorce et le bon bois (1).

Mais revenons aux plantes. Elles sont : ou annuelles, ou bisannuelles, ou vivaces.

La plante **annuelle** nait, végète et meurt dans le cours de l'année de sa fructification ; le blé, par exemple, est une plante annuelle.

La plante **bisannuelle** vit deux ans. La première année, la tige se flétrit, mais la racine en produit une nouvelle, qui meurt avec elle à la fin de la seconde année ; la carotte est une plante bisannuelle.

La plante **vivace** meurt au bout d'un nombre plus ou moins grand d'années ; toutefois la tige peut n'être qu'annuelle, comme pour le houblon, par exemple. La luzerne est une plante vivace.

Les végétaux se reproduisent par **graines**, par **bouture**, par **marcotte** ou par **greffe**.

La *graine* est l'œuf des végétaux : c'est l'ovule des fleurs fécondé et parvenu à son complet développement.

La *bouture* est une jeune branche garnie de boutons, ou bourgeons. que l'on détache d'un arbre ou d'une plante et que l'on met en terre pour produire un nouvel être.

La *marcotte* est une branche quelconque tenant au tronc, et que l'on couche en terre pour qu'elle y prenne racine. La marcotte diffère de la bouture en ce que celle-ci est détachée du tronc lorsqu'on la met en terre.

Enfin on appelle *greffe* la partie vivante d'un végétal — branche ou bourgeon — que l'on enlève à une plante

_____

(1) Il ne faut pas perdre de vue que l'aubier n'est d'aucune conservation et qu'il doit être proscrit des bois de charpente équarris, à la détérioration desquels il ne ferait que contribuer.

pour l'insérer sur une autre de même espèce ou analogue de telle sorte que la partie ainsi insérée profite des sucs nourriciers du tronc principal et croisse avec lui.

Entretiens.

Que comprend la classe des végétaux proprement dits ? Le Muséum de Paris possède-t-il beaucoup d'espèces de végétaux ? Que sont les végétaux ? Qu'est-ce que l'embryon ? Quels sont les éléments nécessaires à la germination ? Comment les végétaux se développent-ils ? Quelles sont les parties principales de la plante ? Quelles sont les fonctions de la racine ? Qu'est-ce qu'une racine pivotante ? — une racine fibreuse ? — une racine tubéreuse ? un végétal herbacé ? — un végétal ligneux ? Comment reconnaît-on l'âge d'un arbre ? Qu'est-ce qu'une plante annuelle ? — une plante bisannuelle ? — une plante vivace ? Comment les végétaux se reproduisent-ils ? Qu'est-ce que la graine ? — la bouture ? — la marcotte ? — la greffe ?

III. — LE SOL ET LE SOUS-SOL

Le *sol* est la partie du terrain qu'on cultive et qui peut être atteinte et remuée par les instruments aratoires.

Tout sol, pour être productif doit posséder à sa surface une certaine couche de terre **végétale**.

Les principales sortes de terres favorables à la végétation sont : l'**humus**, le **sable**, l'**argile**, le **calcaire** ou craie

L'*humus*, ou terre végétale, qu'on appelle aussi terre **arable**, est celle qui est propre à la végétation. C'est une décomposition de matières végétales Plus la couche en est considérable, plus la terre est productive.

Le *sable* rend la terre perméable et fait qu'elle ne souffre pas d'un excès d'humidité.

L'*argile* donne des terrains froids et difficiles à travailler.

Le *calcaire* dessèche la terre.

Les terres franches sont les meilleures parce qu'elles contiennent de l'humus

Les terres fortes sont celles où l'argile domine.

Les terres sableuses ou légères contiennent des sables siliceux.

Les terres blanches sont celles où le calcaire domine.

Enfin la couleur du sol est encore une condition importante que l'on doit noter. Les terres noires, par exemple, absorbent la chaleur et les terres blanches la repoussent.

Les prêles, le tussilage ou pas d'âne, la chicorée sauvage indiquent un sol argileux ; la mercuriale annuelle et les chardons un sol calcaire, et la petite oseille, la bruyère commune, le réséda jaune, l'ajonc marin, un sol siliceux.

De Bordeaux aux Pyrénées, des collines de sable couvraient une superficie de 30,000 hectares. A chaque tempête le vent poussait de nouvelles quantités de sable. Pour arrêter ces dunes envahissantes, *Brémontier* trouva le pin maritime. Aujourd'hui, grâce aux travaux de cet homme de bien, l'Etat possède en Gascogne 20,000 hectares de belles forêts.

Le *sous-sol* est la partie du terrain située immédiatement au-dessous du sol.

Il peut être la continuation des terres qui constituent le sol ; il peut se composer de glaises imperméables, de rochers pierreux, de marnes, de sables ou de cailloux.

Perméable ou imperméable, il facilite ou empêche l'écoulement de l'eau.

Quand le sous-sol est trop argileux, le terrain est humide ou marécageux parce que les eaux pluviales ne peuvent passer.

La composition des sols étant très variable, il en résulte que, pour les rendre propres à la culture, il convient de leur donner artificiellement, par des **amendements**, les principes fertilisants qui peuvent leur faire défaut.

Entretiens.

Qu'est-ce que le sol ? Quels sont ses éléments constitutifs ? Quelles sont les qualités agricoles de l'humus ? — du sable ?— de l'argile ? — du calcaire ? Qu'est-ce qu'une terre franche ? — une terre forte ? — une terre sableuse ? — une terre blanche? Quelles particularités offre la couleur du sol ? Nommez quelques plantes qui indiquent un sol argileux ? — Nommez-en qui indiquent un sol calcaire ? — qui indiquent un sol siliceux ? Que fit Brémontier dans les sables qu'il y avait de Bordeaux aux Pyrénées ?

Qu'est-ce que le sous-sol ? Comment peut-il être ? Qu'arrive-t-il quand le sous-sol est perméable ? — quand il est imperméable ? Comment améliore-t-on la composition des sols ?

IV. — LES AMENDEMENTS

Amender le sol, c'est le rendre meilleur, c'est le préparer à recevoir les engrais.

Les principaux amendements sont la **marne**, la **chaux** et le **plâtre**.

La *marne* est un mélange naturel d'argile et de calcaire. Sa double propriété de se diviser à l'air et de se délayer dans l'eau fait qu'elle donne à la terre argileuse à laquelle elle est mélangée, la porosité qui lui faisait défaut.

La *chaux* s'obtient par la cuisson du calcaire dans de grands fours. La chaux hâte la décomposition des feuilles, des racines et des fumiers. Elle convient surtout aux terrains argileux.

Le marnage et le chaulage se font au commencement de l'hiver. En novembre on met la marne et la chaux en tas sur le sol et on les étend quand elles sont délitées, c'est-à-dire au printemps suivant.

Le *plâtre* est une sorte de pierre calcaire que l'on réduit en poudre après cuisson. C'est un précieux amendement pour les trèfles, sainfoins et luzernes. Son usage tend cependant à disparaître.

L'effet du plâtre est de courte durée : deux ans à peine.

Ce fut *Franklin* qui en préconisa l'emploi en Amérique par une expérience qu'on rapporte comme suit : Dans un champ de trèfle bordant un chemin très fréquenté, il fit répandre du plâtre au printemps de manière à former cette phrase : *Ceci a été plâtré ;* et au bout de peu de temps, le trèfle plâtré avait végété de telle façon que l'inscription était très lisible.

Qu'appelle-t-on amendements ? Quels sont les principaux amendements ? Qu'est-ce que la marne ? Quelle est sa double propriété ? A quelles terres convient-elle ? A quelle époque et comment se font le marnage et le chaulage ? Que savez-vous sur le plâtre ? Racontez l'expérience faite par Franklin ?

V. — LES ENGRAIS

Les plantes puisent dans le sol et dans l'atmosphère toutes les substances qui leur sont nécessaires, aussi chaque récolte enlève-t-elle au sol des quantités considérables d'*azote*, *acide phosphorique* et *potasse*, qui sont trois éléments indispensables aux plantes. L'absence d'un seul d'entre eux suffit pour frapper le sol de stérilité.

C'est par les *engrais* qu'on lui restitue ce que les récoltes successives lui ont enlevé.

Le premier des engrais est, sans conteste, le **fumier**, c'est-à-dire la litière des animaux qui a reçu leurs déjections. La *litière* ne sert pas seulement de lit aux animaux, elle sert d'éponge, absorbe les urines et les conserve.

Le fumier est la base de toute production agricole. Il appartient bien à la classe des engrais mixtes, car il contient des substances végétales et des substances animales, étant formé de litière et d'excréments.

Les substances animales se décomposent vite, tandis que la décomposition des matières végétales est lente. Le fumier se décompose dans de bonnes conditions, grâce à l'action bienfaisante de la litière.

Qualités et soins à donner au fumier.

La qualité du fumier dépend moins de la nature du bétail que de l'alimentation des animaux.

L'animal nourri avec des aliments riches donne un fumier riche.

L'animal jeune, qui a besoin de former des os, des muscles, épuise plus les aliments et donne un fumier moins riche.

L'animal de travail fatigue beaucoup. Il emploie les aliments pour se soutenir et ses excréments sont d'autant moins riches.

La bête d'engrais a terminé sa croissance, elle ne fatigue pas et reçoit une bonne nourriture ; c'est pour ces deux raisons que le fumier est plus riche.

Le fumier de cheval est celui qui fermente le plus fortement et qui s'échauffe le plus ; il convient aux cultures hâtives.

Le fumier des bêtes à cornes se décompose lentement et agit régulièrement ; il convient à tous les sols.

Le fumier de mouton est chaud, actif, gras, très riche et fort estimé des cultivateurs ; il convient aux terrains froids.

Le fumier de porc est froid : on le mélange ordinairement avec les autres

Beaucoup de cultivateurs, par ignorance, par routine ou négligence, ne prennent aucun soin de leurs fumiers, dont la plus grande partie des principes fertilisants s'en vont dans l'atmosphère, qu'ils vicient, ou surtout sont entrainés par les eaux de pluie dans les mares ou les puits, qu'ils infectent, et parfois jusque dans les rues, où la *roussie* forme de véritables cloaques capables de porter les plus graves atteintes à la salubrité publique.

Théoriquement, le fumier devrait être couvert, afin de le mettre aussi bien à l'abri des ardeurs trop vives du soleil, qui le dessèchent, que de la pluie qui le délave. L'un et l'autre lui enlèvent en effet, de ce chef, une partie de ses principes fertilisants. Mais si, pratiquement, il faut renoncer, pour nos petites exploitations, au fumier couvert, on doit cependant prendre toutes les mesures pour en assurer la conservation.

Le fumier sera bien tassé dans la fosse, qui devra être aussi étanche que possible pour ne pas laisser perdre le purin, dont une rigole conduira le trop-plein dans un puits également étanche, appelé *fosse à purin*, creusé dans un coin de la cour.

Une étable bien tenue, bien disposée doit présenter une pente douce et une rigole par laquelle s'écoule l'excès d'urine des animaux pour se rendre également dans la même fosse. De temps en temps, on y jette du plâtre en poudre ; cette matière a la propriété de désinfecter l'urine et de fixer le gaz qu'on nomme ammoniaque ; à l'aide de pompes on arrose avec le purin les tas de fumier dont on conserve ainsi les richesses ; on s'en sert encore pour fumer les terres en arrosages.

Un excellent moyen d'amélioration des fumiers, c'est l'incorporation de phosphates sur les litières ou sur le fumier (1 kilog par tête et par jour)

Dans les terres légères, il ne faut pas fumer à l'avance, parce que les sucs descendent trop bas avant les semailles.

C'est le contraire dans les terres argileuses.

Pour une fumure moyenne, on emploie de 25 à 30,000 kilogrammes de fumier à l'hectare.

Entretiens.

Quels sont les trois éléments indispensables aux plantes ? Qu'est-ce : qu'un engrais ? que le fumier ? Pourquoi est-il un engrais mixte ? De quoi dépend la qualité du fumier ? Que savez-vous sur le fumier de cheval ?—de bêtes à cornes ?—de mouton ? —de porc ? Qu'arrive-t-il quand les fumiers sont négligés ? Qu'est-ce que la roussie ? Théoriquement, comment le fumier doit-il être soigné ? Dans la pratique peut-on le traiter ainsi ? Quels soins doit-on donner au fumier ? Comment doit être une étable bien tenue ? Que savez-vous sur les fosses à purin ? Quand convient-il de fumer les terres légères ? — les terres argileuses ? Quelle quantité de fumier emploie-t-on à l'hectare pour une fumure moyenne ?

Les engrais animaux.

Les déjections fécales humaines, desséchées, donnent une **poudrette** qui fournit un engrais se décomposant facilement et qui produit de bons effets dans la culture des céréales et des herbages. On doit l'employer au printemps ou au moment des semailles.

La colombine ou fiente des oiseaux de basse-cour a une assez grande valeur. Elle contient, en moyenne, pour 100 parties : 4,50 azote et 2 acide phosphorique pour celle des pigeons et 1,50 azote et 4 acide phosphorique pour celle des poules.

Cet engrais, qui se décompose aussi assez facilement, est fort estimé pour la culture maraichère, celle du lin et du tabac.

C'est dans cette catégorie qu'il faut ranger le **guano**, substance que l'on trouve sur les côtes occidentales de l'**Amérique du sud** et que l'on pense produite par l'accumulation, pendant une longue suite de siècles, de la fiente des oiseaux de mer.

Le guano est un excellent engrais ; mais il faut se méfier de toutes sortes de substances jaunâtres et puantes vendues sous ce nom, sans en avoir les propriétés fertilisantes.

Le prix en devient d'ailleurs si élevé, qu'on a tout avantage à substituer au guano nos phosphates français.

Il faut citer aussi parmi les engrais le produit du

parcage. Il vous est arrivé, dans les villages où on se livre encore à l'élevage du mouton, de voir dans les champs une enceinte formée de claies ou barrières à claire-voie mobiles et transportables d'un point à un autre. C'est un parc dans lequel on fait passer la nuit aux moutons. dans le but de fumer le sol. Le parcage a lieu habituellement de juin à fin novembre.

Le **noir animal** — qui est le produit d'os calcinés en vases clos, rendu à l'agriculture par les fabricants de sucre et les raffineurs, qui s'en sont servi préalablement pour décolorer les jus et les sirops — est précieux sur les landes et les sols maigres.

Entretiens.

Qu'appelle-t-on engrais animaux ? Nommez-les ? Qu'est-ce que l'engrais flamand ? — la poudrette ? — la colombine ? A quelles cultures ces engrais conviennent-ils ? Qu'est-ce que le guano ? — le parcage des moutons ? — le noir animal ? A quel sol convient le noir animal ?

Les engrais végétaux.

La **tourbe** est un engrais et un amendement qui apporte de l'humus à la terre. Elle s'emploie mêlée avec de la chaux ou du fumier. Elle produit d'excellents effets dans les terrains calcaires.

Les **cendres** sont un engrais important; elles contiennent des sels de potasse et de soude.

Le résidu des cendres qui ont servi au blanchissage est désigné sous le nom de **charrée**.

Les **engrais verts**, ainsi que les **tourteaux**, rentrent dans la catégorie des engrais végétaux.

Les plantes dont on fait les premiers sont : le trèfle, le sainfoin, la minette, le lupin blanc, les fèves. Elles ont l'avantage de rendre de l'humus au sol et de l'enrichir de l'azote qu'elles ont puisé dans l'air atmosphérique. C'est au moment où elles sont en fleurs qu'on les enfouit par un labour.

Le marc de raisin est riche ; on l'emploie de préférence pour les arbres.

Les graines oléagineuses, comme le lin, le colza, l'œillette, etc , soumises à la pression pour en extraire l'huile, donnent un résidu qui est le **tourteau**.

Les tourteaux donnent des engrais riches qui conviennent à toutes les plantes. On les emploie peu de temps avant les semailles, car la décomposition en est rapide.

L'écobuage est une opération qui consiste à brûler les genêts, les ajoncs et les hautes herbes des landes pour utiliser leurs cendres.

Signalons, dans les *engrais minéraux*, les **phosphastes**, dont des gisements, découverts il y a quelques années et exploités sur une large base dans notre département, ont fait la fortune, — et une fortune prodigieuse, -- de quelques communes des cantons de Pas et d'Auxi-le-Château. On en extrait aussi à Pernes-en-Artois et dans le Boulonnais.

Les sables phosphatés doivent s'acheter au degré d'acide phosphorique, car leur teneur de cette nature peut être très variable.

Entretiens.

Qu'appelle-t-on engrais végétaux ? Nommez-les ? Qu'est-ce que la tourbe ? Que contiennent les cendres ? Qu'est-ce que la charrée ? Qu'appelle-t-on engrais verts ? Avec quelles plantes les fait-on ? Comment s'obtiennent les tourteaux ? Qu'est-ce que l'écobuage ?

Qu'est-ce que le phosphate? Où en extrait-on dans le département du Pas-de-Calais.

Les engrais chimiques.

Nous avons dit que les trois éléments indispensables aux plantes sont : l'azote, la potasse et l'acide phosphorique.

Les engrais azotés sont le nitrate de soude (sel importé du Chili), le nitrate de potasse ou salpêtre et le sulfate d'ammoniaque (Il est bon de ne pas abuser du nitrate de soude, qui a le défaut d'amener la destruction de l'humus du sol).

Les potasses employées en agriculture proviennent surtout du traitement des mélasses.

Quant à l'acide phosphorique, il possède, au point de vue agricole, une importance considérable ; il est l'élément essentiel de la formation de l'amidon dans les blés, du sucre dans la betterave, de la fécule dans la pomme de terre, etc. Il sert en quelque sorte de régulateur à l'azote et à la potasse. Il exerce une action accélérante sur la maturité.

Tous les sols cultivés s'appauvrissent en acide phosphorique, en proportion de l'abondance des récoltes. Il faut donc leur en restituer par les engrais.

Ajoutons que la pratique semble démontrer qu'il y a assimilabilité plus rapide et plus facile de l'acide phosphorique, plutôt à l'état de superphosphate que par les phosphates. En un mot, le superphosphate produit des effets prompts et le phosphate des effets lents.

Le superphosphate est le résultat du traitement par l'acide sulfurique des phosphates minéraux, des os dégélatinés, du noir animal et des guanos phosphatés.

Le *chlorure de potassium*, principal engrais potassique. est l'un des produits qu'on tire des varechs, herbe que la mer rejette continuellement sur ses bords.

Il est à remarquer, toutefois, que l'emploi des engrais chimiques doit être fait d'une façon très judicieuse, la proportion des trois éléments indispensables : azote, acide phosphorique et potasse devant varier suivant l'état de la terre à laquelle l'engrais est destiné et la nature de la plante que l'on veut cultiver

On estime dans les proportions suivantes les quantités d'acide phosphorique assimilable *nécessaires* (1) aux plantes :

De 60 à 75 kil. par hectare pour le blé ;
   40 à 60 kil.   —   l'avoine ;
   30 à 40 kil.   —   le lin ;
   70 à 80 kil.   —   la betterave ;
   35 à 50 kil.   —   le colza et l'œillette ;
   40 à 50 kil.   —   les trèfles et luzernes.

Dans tous les cas, un excès d'acide phosphorique ne peut nuire aux plantes comme le ferait un excès d'azote ; il ne pourrait que constituer dans le sol une réserve pour l'avenir.

Mais la sophistication des engrais chimiques est si facile par l'adjonction de matières inertes, qu'il faut se tenir sur ses gardes dans ses achats et ne traiter qu'avec des maisons *connues* et recommandables, et autant que possible avec justification d'analyse.

(1) *Nécessaires* et non pas *à donner* ; la terre pouvant en contenir déjà une certaine quantité.

La fraude a même nécessité la promulgation d'une loi, en date du 4 février 1888, réglant le commerce des engrais et punissant de peines sévères quiconque aura trompé sur la qualité de la marchandise vendue.

Aux termes de l'art. 3, le vendeur doit faire connaitre à l'acheteur, par un double de commission ou dans la facture remise au moment de la livraison, la provenance naturelle ou industrielle de l'engrais et sa *teneur en principes fertilisants*.

Par teneur en principes fertilisants en entend les poids d'azote, d'acide phosphorique et de potasse contenus dans 100 kilog. de marchandise facturée telle qu'elle est livrée, avec l'indication de la nature ou de l'état de combinaison de ces corps.

Si la vente est faite avec convention d'*analyse* sur échantillon au moment de la livraison, l'indication de la teneur exacte n'est pas obligatoire, mais mention devra être faite du prix du kilog. de l'azote, de l'acide phosphorique et de la potasse contenus dans l'engrais.

Cet article 3, dont nous venons de donner, sinon le texte exact, du moins les termes essentiels, est formel et c'est dans ce sens qu'il faut faire ses achats et non accepter un luxe d'autres désignations plus ou moins ronflantes qui peuvent n'avoir pour but que d'éblouir l'acheteur.

Il reste entendu que les engrais chimiques ne sont que des adjuvants, des *engrais complémentaires* et qu'ils ne rendent pas d'humus à la terre.

Entretiens.

Nommez des engrais chimiques ? D'où vient le nitrate de soude ? D'où proviennent les potasses employées en agriculture ? Quelle est la qualité agricole de l'acide phosphorique ? Qu'est-ce que le superphosphate ? — le chlorure de potassium ? Avec quelles maisons convient-il de traiter dans l'achat des engrais chimiques ? Qu'appelle-t-on teneur en principes fertilisants ? Comment l'obtient-on ?

Les engrais perdus.

Le cultivateur n'a jamais assez d'engrais et cependant que de substances sont perdues, qui pourraient être utilisées : les tiges de végétaux qu'on brûle pour s'en débarrasser, les cendres, le marc de pomme qui constitue un excellent engrais pour les arbres fruitiers, les cadavres des

animaux, les eaux grasses ou de lessive que l'on jette, les
os, les terres des routes, les balayures des rues, les feuilles,
les fanes de pommes de terre, de betteraves, de carottes,
les déjections humaines qui sont si énergiques, le sang
dont on ne fait aucun cas dans la plupart des abattoirs,
les cornes, les poils des animaux, les chiffons de laine,
les plumes, etc.

Le cultivateur qui a souci de ses intérêts recueillera
avec soin toutes ces substances qui contribueront à augmenter ses récoltes, et, par là, son bien-être

Le sang, les plumes, les poils, les chiffons de laine, les
raclures de corne, à cause de leur plus lente décomposition, s'enfouissent préférablement au pied des arbres,
des vignes, enfin au pied des plantes qui occupent le sol
pendant longtemps.

Entretiens.

Nommez les substances que l'on perd souvent et qui pourraient être utilisées comme engrais? Quels sont les engrais
dont la décomposition est lente?

VI. — LE DRAINAGE

Le **drainage** est une opération par laquelle on assainit
les terres trop humides, on dessèche les marais ou les
terrains marécageux.

Pendant l'hiver, les eaux stagnantes altèrent les semences, pourrissent les racines ; au printemps, la gelée
et le dégel soulèvent les jeunes plantes et en causent la
destruction ; les plantes les plus nécessaires à l'alimentation des bestiaux cèdent peu à peu la place aux plantes
aquatiques, aux joncs, ce sont des terrains perdus.

On combat ce fléau par des travaux d'assainissement.

Voici un des procédés d'opération.

On creuse une tranchée étroite et profonde au fond de
laquelle on pose, bout à bout, suivant une certaine pente,
des **tuyaux** ou **drains** en terre cuite, par les joints desquels l'eau s'infiltre, et qui, offrant ainsi aux eaux une
issue et un écoulement constants, les empêchent de
croupir sur place, d'empester l'air, de pourrir les racines;
en descendant dans les drains elles font place aux eaux
de pluie qui, réchauffées par le soleil, traversent le sol et
y déposent en passant les principes fécondants qu'elles

entraînent avec elles Dans un pot de fleurs, pourquoi le trou du fond ? Parce qu'il permet le renouvellement de l'eau. Or, le renouvellement de l'eau, c'est la vie ou la mort des végétaux : la vie, si elle ne fait que traverser la couche de terre ; la mort si elle y séjourne.

Le drainage au moyen des tuyaux est le procédé scientifique, dont le prix de revient, toutefois, est assez élevé. On peut y suppléer en jetant au hasard au fond d'une tranchée préalablement creusée une certaine couche de cailloux ou de pierres cassées, de manière à ce qu'ils forment des interstices qui donneront passage à l'écoulement des eaux. On remblaie ensuite la tranchée.

Entretiens.

Qu'est-ce que le drainage ? Quels sont les inconvénients des eaux stagnantes ? Comment débarrasse-t-on le sol des eaux excessives qui le recouvrent? Expliquez l'opération du drainage?

VII. — LES INSTRUMENTS ARATOIRES

On peut diviser les instruments employés en agriculture en deux catégories : les instruments d'extérieur de ferme et ceux d'intérieur.

Les premiers servent aux diverses préparations qui précèdent et suivent l'ensemencement du sol, aux semailles et à la récolte.

L'opération préliminaire de préparation d'un sol qu'on veut faire produire est le **labour**.

Labourer, c'est pénétrer dans le sol avec un instrument qui le coupe et le retourne en ramenant à la surface la partie inférieure et en mettant en contact avec le sous-sol la partie qui, précédemment, était en rapport avec l'air extérieur.

Le but des labours est d'ameublir le sol, de le mélanger, au besoin, avec une partie du sous-sol, de détruire les mauvaises herbes, et enfin d'enfouir, quand il y a lieu, les engrais et les amendements.

Pour qu'un labour soit fait dans de bonnes conditions, il faut qu'il ait un angle de renversement de 45 degrés avec le sol, que la terre ait été labourée n'étant ni trop sèche, ni trop humide. En général, le meilleur labour est celui qui approche le plus du travail qu'on aurait fait à bras avec la bêche.

On distingue, pour la profondeur, trois sortes de labour, le *labour superficiel* dont la profondeur ne dépasse pas 0^m10 ; le *labour ordinaire* dont la profondeur est de 0^m15 à 0^m20 ; et le *labour profond*, qui dépasse 0^m20 ; ce dernier est le meilleur quand la couche arable est suffisamment épaisse.

Les labours superficiels se font généralement après l'enlèvement des récoltes. Ils enfouissent les débris des végétaux ainsi que les mauvaises graines qui germent aussitôt et qu'un labour ultérieur détruira.

Les labours profonds se font le plus souvent avant les semailles.

Pour les jardins, pour de petites pièces de terre cultivées par des ménagers qui n'ont pas d'attelage, on procède à l'ameublissement du sol à l'aide de la bêche, ou *louchet* ; mais dans la culture proprement dite, on se sert de la **charrue**.

La charrue se compose d'un *coutre* qui coupe verticalement le sol ; d'un *soc*, qui le coupe horizontalement ; d'un *versoir* qui retourne la bande détachée. Le *sep* glisse sur le sol ; l'*age* relie entre elles toutes les pièces de la charrue ; les *étançons* relient le sep avec l'age ; les *mancherons* sont les bras ou manches au moyen desquels le laboureur dirige l'instrument ; le *régulateur*, enfin, sert à faire varier, suivant le point où l'on fixe la cheville, la profondeur des labours et la largeur des tranches.

La meilleure charrue est celle de *Dombasle*

L'avant-train s'ajoute aux charrues simples ou araires. Il suffit alors de faire poser l'extrémité de l'age sur un bâti en bois ou en fer monté sur deux roues.

L'une des meilleures charrues est le *brabant-double*. La charrue brabant-double se compose d'un double versoir, d'un double coutre, l'un au-dessus, l'autre au-dessous tournant autour de l'age.

Cette disposition de l'instrument permet de renverser la terre toujours du même côté. Pour cela il suffit que le laboureur, lorsqu'il a terminé un sillon, retourne le corps de la charrue.

Le **hersage** est une opération qui a pour but de briser

les mottes, d'unir la surface du sol, d'enlever les mauvaises herbes ou enfin de recouvrir une semence ou un engrais quelconque.

Les *herses* qui servent à cet usage sont carrées ou triangulaires, et construites en bois ou en fer. C'est un bâti dans lequel sont encastrées des chevilles ou dents dans une position inclinée. La herse oblique est la meilleure. Les herses articulées en fer, formées de plusieurs pièces comme les herses en zigzag font aussi un excellent travail.

On **roule** les terres soit pour briser les mottes qui ont résisté à la herse, soit pour tasser les sols légers afin qu'ils conservent plus de fraicheur, ou encore, au printemps, pour rechausser, appuyer et faire taller les céréales.

L'instrument qui sert à cet usage se compose d'un bâti généralement triangulaire dont la base reçoit un axe mobile sur lequel est monté le *rouleau*, qui est en bois, en pierre ou en fonte Les rouleaux brises-mottes (*Croskill*) sont en fonte, formés de disques à dents de scie épaisses.

Le *scarificateur* soulève, mêle et divise la terre sans la retourner.

L'*extirpateur* sert à ameublir, à débarrasser le sol des plantes nuisibles.

Les houes à la main, la houe à cheval, et le buttoir servent pour biner et sarcler.

Avec le *buttoir* on détruit les mauvaises herbes, on aère et on divise le sol.

La *houe à cheval* est un buttoir armé de dents de fer.

Les *houes à la main* doivent toujours être bien tranchantes.

Le *binage* a pour but l'ameublissement de la surface du sol ; le *sarclage*, la destruction des mauvaises herbes ; le *buttage* de butter ou de rechausser le pied des plantes.

Le *binage*, le *sarclage* et le *buttage* sont les cultures d'entretien, c'est-à-dire les préparations que l'on donne au sol pendant que les plantes sont en végétation.

Les binages et les sarclages sont d'une grande utilité ; il faut en donner autant qu'on peut.

N'oublions pas les *semoirs* mécaniques, pour l'épandage

des graines et engrais, dont la construction est plus ou moins compliquée suivant l'usage auquel on les destine.

En principe, le semoir se compose d'une caisse supérieure d'où la graine se rend dans des tubes et de là sur le sol; en avant sont des socs qui creusent les petits sillons où tombe la graine et en arrière se trouvent d'autres socs qui couvrent la semence. Les semoirs les plus complets ont une seconde caisse qui répand un engrais pulvérulent. La plupart sont supportés par des roues et trainés par un cheval ; cependant on emploie, dans la petite culture, des semoirs à brouette, qu'une personne fait manœuvrer.

Entretiens.

En combien de catégories divise-t-on les instruments aratoires ? Nommez-les ? Qu'est-ce que labourer ? Quel est le but des labours ? Combien y a-t-il de sortes de labours ? Que savez-vous sur le labour superficiel ? — sur le labour ordinaire ? — sur le labour profond ? Nommez les pièces de la charrue et dites ce que vous savez sur chacune d'elles ? Quelle est la meilleure charrue ? Parlez du brabant double ?

Qu'est-ce que le hersage ? Nommez les herses principales ? Nommez les rouleaux et dites ce que vous savez sur chacun d'eux ? Parlez de l'extirpateur ? — du scarificateur ? — du buttoir ? — de la houe à cheval ? — des houes à la main ? Qu'appelle-t-on culture d'entretien ? A quoi servent les binages ? — les sarclages ? — les buttages ? Parlez des semoirs mécaniques.

Les instruments de la moisson.

Après les instruments de préparation de la terre viennent ceux de la moisson.

Pour couper les céréales, on emploie la **faux**, la **faucille**, la **sape**, et dans les grandes cultures la **moissonneuse**.

La *faux* exige un homme vigoureux, habile et un aide, qui le suit, chargé de faire les javelles.

L'emploi de la *faucille* a presque complètement disparu ; il n'y a guère que les ménagères qui s'en servent encore pour scier l'herbe à donner en vert aux bestiaux.

La *sape* est une sorte de petite faux à manche court ; elle est surtout d'une certaine utilité lorsque les céréales sont versées, c'est-à-dire, ont été couchées sur la terre par les vents ou la pluie. Son travail est inférieur à celui de la faucille.

Les *moissonneuses* sont des instruments d'origine américaine qui conviennent surtout à la grande culture. Elles se composent d'une lame à dents de scie montée entre deux roues et fonctionnant par leur entremise. Un tablier reçoit les javelles que lui amène un rateau. Leur mécanisme demande, pour qu'elles puissent être facilement utilisées, un terrain plat, sans pierres ni obstacles. Elles exigent ordinairement deux chevaux vigoureux et deux hommes.

Certaines d'entre elles font en même temps l'office de *lieuses*

Nous ne signalons que pour mémoire les véhicules : chariots, charrettes, tombereaux, etc., nécessaires au transport des fumiers et produits de la ferme.

Entretiens.

Quels sont les instruments de la moisson ? Parlez de la faux ? — de la faucille ? — de la sape ? — des moissonneuses ?

Les instruments d'intérieur de ferme.

Dans cette catégorie se rangent :

Le fléau qui sert à battre les céréales sur l'*aire* de la grange pour en extraire le grain des épis. Bien qu'il ne soit plus guère employé qu'en petite culture, il occupe toutefois, pendant l'hiver, les ouvriers de la ferme que ne réclament pas d'autres travaux

La *machine à battre* remplit le même rôle, mais d'une façon bien plus expéditive. On la met en mouvement soit au moyen d'un manège, d'une machine à vapeur ou de tout autre moteur dont on peut disposer. Elle est généralement installée à demeure dans la ferme même, mais grâce aux machines locomobiles (sorte de petite locomotive) qu'on peut conduire dans les champs, le battage des grains peut aussi se faire sur place, près des *meules*, c'est-à-dire ces tas qui affectent généralement la forme d'un tronc de cône renversé que l'on voit dans la campagne, et où l'on a empilé les gerbes,   les épis dirigés vers le centre, — quand les granges sont pleines.

Signalons aussi les batteuses à plan incliné, mises en mouvement par des chevaux dont le piétinement sur place actionne une sorte de plancher formant chaîne sans fin qui donne le mouvement à l'arbre moteur

Les batteuses nettoient le grain en même temps qu'elles le battent. Elles demandent toutefois l'emploi d'un personnel assez nombreux

Le battage au fléau exige le vannage au moyen du **van** ou *moulin Tarare*, dont la manivelle actionne un ou plusieurs tamis métalliques ou bluttoirs, au travers desquels passent les petites graines, et des palettes dont le mouvement de rotation produit un vif déplacement d'air qui chasse la poussière et les balles (vulgairement courte-paille) c'est-à-dire l'enveloppe du grain.

Le *coupe-racines*, instrument à mouvement circulaire, dont les lames coupent par tranches les betteraves, carottes etc , destinées à la nourriture des bestiaux, qui sous cette forme l'assimilent mieux et en gaspillent moins.

Le *hache-paille*, dont le but est le même.

Le *lave-racines*, sorte de bac demi-circulaire, plus ou moins rempli d'eau, dans lequel se meut un cylindre à claire-voie contenant les racines à débarrasser des terres qui les couvrent.

Le *crible-trieur* qui sert à séparer les graines de nature et de grosseur différentes et à isoler les graines des plantes nuisibles.

Le *moulin* à concasser le tourteau.

La *baratte* pour battre la crème et en extraire le beurre.

Entretiens.

Parlez du fléau ? — de la machine à battre ? — du van ou moulin Tarare ? — du coupe-racines ? — du hache-paille ? — du lave-racines ? — du crible-trieur ? — du moulin concasseur ? — de la baratte ?

VIII. — LES SEMAILLES

Les **semailles** ont pour but de jeter en terre, dûment préparée, les semences ou graines qui doivent se transformer en végétaux

Elles se font à deux époques : en automne et au printemps.

A l'automne, c'est-à-dire en septembre, octobre et

novembre, si l'état de l'atmosphère le permet encore, on sème le seigle, le blé et l'orge d'hiver.

Au printemps, — en mars et avril, — les blés dits de mars, l'avoine, la paumelle, l'orge de printemps, les féverolles, pois, lentilles, la luzerne, le sainfoin et la minette. La date de l'ensemencement ne saurait être déterminée d'une façon précise Cependant l'expérience démontre qu'en général l'époque des semailles de printemps est arrivée quand on aperçoit, sur les arbustes et arbrisseaux, des indices certains du réveil de la végétation.

Les semis se font à la *volée* ou au *semoir mécanique.*

Dans le premier cas, le semeur porte, dans un tablier, ou semoir, le grain qu'il lance par poignées avec le plus de régularité possible, afin de bien répartir la semence.

C'est un travail qui demande, à ce point de vue, une certaine habileté, aussi l'emploi du semoir mécanique qui distribue uniformément et mathématiquement la semence est-il préférable. Il **économise en outre un quart de semence** et les travaux de sarclage se font plus facilement; d'où encore économie de temps, ce qui n'est pas à dédaigner, car en agriculture aussi : « le temps c'est de l'argent ».

Lorsque la plante ne doit pas être sarclée, il convient d'adopter le semis à la volée, afin que les pieds, plus serrés, luttent plus facilement contre les mauvaises herbes.

Sulfatage. — On prépare la semence de blé en l'arrosant avec une dissolution de sulfate de cuivre, ou *vitriol,* pour empêcher la carie et le charbon, maladies produites par des champignons microscopiques qui convertissent les grains en poussière noire. La quantité de vitriol à employer est de 250 grammes par hectolitre, qu'on fait dissoudre dans trois litres d'eau chaude.

Entretiens.

Quel est le but des semailles ? A quelles époques se font les semailles ? Que sème-t-on à l'automne ? — au printemps ? Comment sème-t-on ? Comment se font les semis à la volée ? Quels sont les avantages du semoir mécanique ? Comment prépare-t-on la semence de blé ? Dans quel but ? Quelle quantité de vitriol emploie-t-on à l'hectolitre ?

IX. — LES CÉRÉALES

Les **céréales**, ou graminées, sont des plantes dont les graines servent principalement à la nourriture de l'homme.

Le froment, le seigle et l'orge, sont les céréales les plus connues.

Le blé.

Le *froment* tient la première place ; c'est le blé le plus pur.

Le *blé* préfère, à tout autre, un sol consistant et frais. C'est donc dans les terrains argilo-calcaires pourvus d'humus qu'il donne les plus beaux rendements.

Quant aux espèces à ensemencer, on doit être guidé par la nature du sol et par son état de culture.

Voici un choix que nous avons entendu recommander par des agriculteurs très compétents :

Un terrain léger, marneux ou sablonneux comporte, même avec un état de culture intensif, des espèces de blé à paille assez fine, assez haute et peu résistante, telles que les blés blancs de Flandre ou variétés similaires ; les sols argileux bien fumés comportent des blés de variétés intermédiaires au point de vue de la grosseur, de la hauteur, de la rigidité de la paille, tels que la plupart des variétés d'origine anglaise et notamment le Standup et autres espèces à épi long et en blé à grand rendement, ainsi que quelques variétés françaises : le blé rouge de Bordeaux, le Dattel, etc. — Quant aux variétés à épi carré, à paille courte et très rigide, telles que les Sheriff ou Square head et autres espèces pareilles ou dérivées, on doit les réserver pour les terres très riches en humus, noires et marécageuses, ou bien exceptionnellement profondes, fertiles et riches en engrais.

D'une manière générale les blés à épis carrés redoutent les froids d'un hiver rigoureux et demandent à être semés de bonne heure ; le Standup et le Dattel supporteraient une semaille tardive, mais il n'en est pas de même du Hunter et du Goldendrop

Rappelons que l'abus de l'azote occasionne non seulement la verse, mais amène souvent l'échaudage ; l'usage continu et permanent des engrais phosphatés, au contraire, est un préservatif contre la verse et l'échaudage et prédispose la plante à une maturité hâtive et complète.

Les avis diffèrent un peu, pour les semailles en lignes, sur l'espacement à adopter entre elles ; on peut donner comme moyenne, cependant, une distance variant entre 15 et 20 centimètres.

Pour les semailles de blé à la volée, la quantité de semence à confier à la terre est d'environ 2 hectolitres à l'hectare (Ce chiffre est plutôt un maximum).

Il est à remarquer que la levée du blé est plus ou moins rapide en raison de l'époque de l'ensemencement.

Un grain lèvera, par exemple, au bout de huit, quinze ou vingt jours, suivant qu'il a été semé le 1ᵉʳ septembre, le 1ᵉʳ octobre ou le 1ᵉʳ novembre, et la puissance de production de ce grain est d'autant plus grande, qu'il a été semé plus tôt. En sorte qu'il y a tout avantage, au point de vue de l'économie de semence, à semer tôt.

Nous avons entendu aussi préconiser un procédé usité dans la Brie, et qui consiste à choisir les trois meilleures variétés de blés reconnues comme réussissant le mieux dans les terrains dont on dispose et à les semer en mélange. L'expérience, confirmée par celles faites par M. Grandeau, a démontré que ces blés mélangés donnaient toujours de meilleurs résultats que les mêmes variétés semées séparément, car la floraison a lieu à des époques différentes et par suite, si l'une d'elles manque, il y a chance pour qu'une autre réussisse.

Le blé réclame, au printemps, soit un hersage, soit un coup de rouleau. Alors on aime à voir le blé gros, court, rampant, aux feuilles larges et vert-noirâtre. On espère peu des jeunes blés élancés, minces et d'un vert jaunâtre.

Moisson. — Tous les bons cultivateurs savent qu'il ne faut pas attendre la complète maturité pour couper les grains. Récolté cinq ou six jours avant la maturité, le blé est plus lourd et plus riche en matières nutritives : mais il doit être mis en moyettes afin d'y activer sa maturation, ce qui le protège en même temps contre les intempéries qui pourraient l'atteindre.

Le blé coupé est d'abord déposé à terre par petites brassées qu'on nomme *javelles*. Lorsque celles-ci sont sèches, on les lie par bottes ou *gerbes*, du poids de 7 à 8 kilog Avant cette opération, il suffit, par un beau temps, de laisser les javelles à terre un jour ou deux ; mais en cas de pluie, il faut des soins assidus pour empêcher le blé de germer. Si les averses sont presque continues, on dresse les javelles en *faisceaux* surmontés d'une gerbe renversée L'eau glisse le long du faisceau et, dès que la pluie cesse, le blé se ressuie Si les averses sont moins fréquentes et si le blé se trouve déjà ressuyé, le mieux pour en achever la dessication, est de le mettre en *moyettes*. A cet effet, on place à terre quatre javelles en carré, la tête de chacune appuyée sur le pied de l'autre, afin qu'aucun épi ne touche le sol. Sur cette base, on dispose d'autres javelles, circulairement, l'épi à l'intérieur, et on les croise peu à peu. Le tas se termine par une pointe, sur laquelle on place une gerbe renversée, liée le plus près possible du pied de la plante et étalée en éventail autour de la moyette.

Le **seigle** est une céréale de pays froids, à épis barbus, qui aime les terres légères. Un vieux proverbe dit : « Sème ton seigle en terre poudreuse. » On sème le seigle à la fin de septembre dans le Nord, en répandant, comme pour le blé, deux hectolitres à l'hectare. Pour couper le seigle, il est nécessaire que sa paille blanchisse et que ses nœuds aient entièrement perdu leur couleur verte.

La paille de seigle est souple et nerveuse ; mauvaise pour la nourriture des animaux, elle est excellente pour les ouvrages de paille, pour faire les *liens* destinés au bottelage.

Le **méteil** est un mélange de froment et de seigle convenant aux terrains médiocres.

L'avoine, qui est la plus robuste des céréales, ne craint que les sables arides et les terres trop calcaires. L'avoine noire de Bric et l'avoine jaune de Flandre ne réussissent qu'en bon sol. L'avoine Joannette est plus courte mais moins exigeante. On sème l'avoine au mois de mars. Elle sert principalement à la nourriture des animaux de trait; sa paille est très recherchée du bétail à cornes. On doit couper l'avoine lorsqu'elle est encore un peu verte, pour éviter l'égrenage et la laisser deux ou trois jours en javelles dans les champs pour achever sa maturité.

Le grain de l'**orge** ou **escourgeon**, sert à la fabrication de la bière et à l'engraissement des animaux. La paille est médiocre. L'orge de printemps est généralement la plus cultivée ; elle réussit surtout après les récoltes sarclées. On sème l'escourgeon en automne et l'orge de printemps en mars et avril. Avoir soin de ne moissonner qu'après maturité complète et les gerbes tout à fait sèches, pour éviter la fermentation qui ne tarderait pas à se produire

Une variété d'orge, la paumelle, réussit en terrain médiocre. Les grains sont excellents pour la volaille.

Le **sarrasin** ou **blé noir** sert à la fois à la nourriture de l'homme et à celle des animaux : c'est avec du sarrasin que sont engraissées les volailles si estimées de la Bresse et du Mans. La paille, bonne pour litière, constitue un mauvais fourrage.

Le sarrasin se contente d'un terrain très pauvre, il épuise peu le sol et peut se passer d'engrais. On le sème au printemps ; sa croissance est très rapide, aussi sous un climat un peu chaud, peut-on le semer en seconde récolte après le seigle ou le blé, vers la fin de juillet.

Le **maïs** veut une température élevée ; c'est surtout dans le Midi qu'on le cultive pour sa graine ; dans le Nord il ne nous donne guère que du fourrage Le grain sert à la distillation, à l'engraissement des volailles et à la nourriture des animaux. Semis de printemps, en lignes.

La paille du **millet** convient aux bêtes à cornes, et la graine aux oiseaux.

Les feuilles du **sorgho** donnent un bon fourrage vert. La partie supérieure de la tige sert à faire des balais.

Le **riz** est une céréale précieuse cultivée principalement en Asie.

Entretiens.

Qu'appelle-t-on céréales ? Nommez les céréales ? Dans quel sol le blé donne-t-il les plus beaux rendements ? Quelles sont les meilleures variétés de blés ? Quelle distance donne-t-on aux semis en lignes ? Quelle quantité de semence faut-il pour ensemencer à la volée un hectare en blé ? — et au semoir mécanique ? Que savez-vous sur la levée du blé ? Quels travaux le blé réclame-t-il au printemps? Quels sont les travaux de la moisson?

Parlez du seigle? — du méteil? — de l'avoine? — de l'orge ou escourgeon? — de la paumelle! — du sarrasin? — du maïs? — du millet! — du sorgho? — du riz?

Les maladies des céréales.

Les quatre principales sont : la carie, le charbon, la rouille et l'ergot.

Le grain **carié** est rempli d'une poussière noire, exhalant une odeur infecte. Cette maladie est contagieuse. Les globules noirâtres s'attachent aux semences et les souillent.

On combat victorieusement la carie par le sulfatage dont il a été déjà parlé.

La **rouille** est une espèce de champignon qui attaque le blé, l'avoine, l'orge et très peu le seigle ; la proximité des cours d'eau, des étangs favorise cette maladie.

Le **charbon** attaque, noircit et dévore toutes les parties de l'épi. On combat quelque peu le charbon par le sulfatage.

L'**ergot** attaque le seigle. Le grain se change en une excroissance noirâtre qui est un poison assez actif. Il faut éviter avec le plus grand soin de semer du seigle ergoté.

Entretiens.

Quelles sont les maladies des céréales? Qu'est-ce que la carie? — la rouille? — le charbon? — l'ergot?

Importance de la sélection.

« Il est d'usage dans le pays, — dit M. Comon, professeur départemental d'agriculture, dans son rapport sur les champs d'essais agricoles en 1886-87, — de renouveler sa semence de temps en temps. Le cultivateur y voit toujours avantage, parce que les graines qu'il importe des bons pays producteurs lui donnent pendant quelques années des suppléments de récolte qu'il n'aurait pas s'il continuait à semer ce même blé, parce qu'au bout de peu de temps les rendements diminuent, le blé dégénère.

» .... Nous pouvons, si nous habitons un pays peu favorisé, importer des blés provenant de régions plus riches, les acclimater, *les sélecter* et leur faire garder les caractères qu'ils avaient dans leur pays d'origine, tout comme celui qui importe chez lui de bonnes races animales, les perpétue et, malgré les influences du milieu, empêche leur dégénérescence par les soins, la nourriture et le *choix des reproducteurs.*

» .. .. Que nos cultivateurs recherchent donc les bonnes variétés qui peuvent convenir à leur sol, et qu'une fois fixés, ils marchent résolument à leur acclimatation et à leur sélection.

» Dans ce cas, leurs blés ne dégénèreront pas, ils s'amélioreront au contraire ; en choisissant avec soin les semences qui doivent reproduire l'espèce, ils formeront une *race*, une *famille*, admirablement adaptée aux circonstances du milieu dans lequel elle doit vivre, puisque ce sont les sujets qui y auront le mieux réussi, qui seront destinés à servir de reproducteurs. »

M. Comon cite ensuite les résultats obtenus par la sélection au champ d'essais d'Havrincourt.

« M. d'Havrincourt n'a pas changé ses semences depuis 25 ans, mais dans cette longue période d'années, il n'a cessé de les améliorer par sélection.

» Au champ d'essais établi en 1886-87, deux bandes de blé originaire d'Armentières avaient été ensemencées : l'une avec semence sélectée et l'autre avec semence puisée à bonne source marchande au pays d'origine, et dans les mêmes conditions d'engrais et de culture. Le blé de sélection dépassait l'autre de plus d'un demi-pied, la tige avait plus de fermeté, les épis plus nombreux, plus gros et surtout plus pleins.

» Le tableau des rendements a d'ailleurs prouvé que les apparences n'étaient pas trompeuses et que le blé de sélection était infiniment supérieur, comme rendement et comme qualité.

» Voici, continue M. Comon, comment se fait la sélection à Havrincourt : au moment du battage du blé, deux femmes, placées à côté de celles qui délient les gerbes pour les passer à l'engreneur, tirent de ces gerbes les plus beaux épis ; ceux surtout qui semblent bien pleins et qui présentent une bonne conformation. Ces épis sont battus, très soigneusement triés, et servent à ensemencer une pièce dont la récolte servira l'année suivante à l'ensemencement de toutes les terres. C'est également dans la récolte de cette pièce que seront choisis les épis qui sont destinés à servir de semence à la nouvelle pièce de sélection, et ainsi de suite.

» Il résulte de cette manière de faire, qu'il ne s'agit pas d'un simple choix, mais d'une véritable sélection, puisque les grains choisis pour la reproduction proviennent toujours de grains dont les épis ont été eux-mêmes choisis

» Cet exemple est à suivre. Le champ d'essais a montré que la méthode est excellente, puisqu'elle donne de si beaux résultats comparatifs ; la démonstration ne pouvait guère être plus éclatante. »

Et M. Masclef, de Loison, l'éminent agriculteur qui a fait faire tant de progrès à la culture intensive dans la région, ne citait-il pas dans l'une des séances de nos Sociétés agricoles, l'exemple d'*un grain* de blé pris dans un épi de choix et qui, en quatre ans, après choix et ensemencement chaque année des plus beaux grains, était arrivé à produire *seize hectolitres!*

On peut donner, comme meilleur mode de sélection, celui qui consiste à choisir les plus beaux épis et à prendre dans chacun d'eux les plus beaux grains qui se trouvent dans la partie médiane.

Entretiens.

Est-il bon de renouveler sa semence, pourquoi ? Qu'est-ce que la sélection ? Comment se fait la sélection à Havrincourt ? Quel est le meilleur mode de sélection ?

X. — LES LÉGUMINEUSES

On appelle **légumineuses** les plantes qui ont pour fruits des gousses.

Les principales légumineuses sont les pois, les haricots, les fèves, les lentilles, la vesce et la gesse.

Les **pois** demandent un sol meuble, de bonne qualité et fumé de l'année précédente.

On les cultive pour la nourriture de l'homme et pour celle des animaux.

Les variétés cultivées pour la nourriture de l'homme comprennent : les *pois mange-tout* dont on mange la cosse et le grain, et les *pois à écosser* dont on ne mange que le grain.

On distingue les *pois à ramer* et les *pois nains.*

Les meilleures variétés de pois sont : le prince *Albert,* le pois de *Clamart,* le pois *Michaux,* le pois *ridé,* le pois *nain hâtif.*

Les pois se sèment de février à mai en lignes.

Les pois cultivés pour la nourriture des bestiaux sont les pois des champs ou *pois bisailles* Ils forment un bon fourrage vert, surtout pour les vaches à lait.

Leur grain, grossièrement concassé, est excellent pour l'alimentation du porc, des bêtes à cornes qu'on engraisse, pour les moutons.

Les **haricots** sont sensibles au froid et réclament surtout un fumier consommé. Aussi ne les sème-t-on dans nos climats qu'au mois de mai Le semis se fait en lignes.

Il y a des *haricots mange-tout* et des *haricots à écosser.* Il y en a qui ont besoin d'être ramés et d'autres qui sont nains.

Dans les champs on ne cultive que les variétés naines. Ils demandent beaucoup de soins et une terre bien préparée Ils ne doivent revenir dans les mêmes champs qu'à de longs intervalles.

Les graines du haricot sont utilisées dans l'alimentation de l'homme.

On sème les **fèves** en février, mars au plus tard, en terrains frais et en lignes; la récolte se fait en septembre. Les pucerons sont de redoutables dévastateurs des fleurs et des feuilles de fèves.

Les **féveroles,** dont le grain est plus petit, constituent une excellente alimentation pour tous les animaux domestiques Assez souvent on donne la féverole au cheval et au mouton, en bottes non battues, à un seul des repas de la journée.

Les **lentilles** donnent de beaux produits dans un terrain léger et calcaire. On sème les lentilles à une fleur avec le seigle dont les tiges lui servent d'appui.

Les graines sont très nourrissantes et la paille donne un excellent fourrage.

La **vesce,** variété à graine noire se sème en novembre et celle variété à graine blanche ou grise en avril.

La variété de printemps se coupe en fleur; ce fourrage vert est excellent pour la vache laitière surtout.

La **gesse** convient aux terres calcaires et donne un fourrage estimé pour les moutons, mais trop échauffant pour les chevaux.

La graine de *gesse chiche* est un aliment dangereux pour l'homme.

Entretiens.

Qu'appelle-t-on légumineuses? Nommez les principales légumineuses? Que savez-vous sur les pois? — les haricots? — les fèves? — les féverolles? — les lentilles? — la vesce? — la gesse?

XI. — LES RACINES

La première de toutes, au point de vue agricole, est la **betterave**.

On la cultive comme plante fourragère, mais surtout comme plante industrielle. La betterave aime la chaleur et craint la sécheresse ; elle exige un labour de déchaumage, profond labour avant l'hiver, une forte fumure, des hersages au printemps avec roulage autant qu'on le peut. La betterave se sème en place par deux ou trois graines et en ligne. On met environ 40,000 plants par hectare dans notre département. La plantation se fait au mois de mai ; on doit récolter en octobre. Quand on a semé en place, il suffit d'éclaircir et de repiquer en quelques endroits, puis de biner aussi souvent que la destruction des mauvaises herbes l'exige. Les feuilles sont peu nutritives et d'ailleurs l'effeuillage des betteraves nuit aux racines.

La racine fourragère est donnée aux bœufs à l'engrais, aux vaches et aux moutons.

La betterave industrielle est destinée surtout aux sucreries où on la réduit d'abord en pulpe. Cette pulpe, soumise à de très fortes pressions, donne une certaine quantité de jus qui, chauffé et préparé donne le **sucre cristallisé**

Qdand on a extrait tout le jus, la pulpe sert à la nourriture des bestiaux. On la met en silos en ayant soin de la bien tasser de manière à ce que l'air n'y puisse pénétrer, ce qui nuirait à la conservation, et on recouvre ces silos d'une bonne couche de terre qu'on pilonne de nouveau.

Les racines dont la richesse saccharine n'est pas assez élevée pour qu'elles puissent être travaillées à bénéfice dans les sucreries, trouvent leur emploi dans les distilleries pour la fabrication de l'**alcool** de betteraves.

La pomme de terre est originaire de l'Amérique. Elle s'est difficilement répandue en France vers la fin du siècle dernier. C'est *Parmentier* qui contribua à la faire connaître et à en populariser l'usage. La pomme de terre est, après le pain, l'aliment le plus utile à l'homme Elle préfère les terres légères et sablonneuses aux terres fortes. On divise leurs variétés en patraques, parmentières et vitelottes.

Le topinambour, originaire du Brésil, s'accommode de tous les terrains ; il ne craint ni le froid ni la sécheresse.

On plante les tubercules en février et en mars comme ceux de la pomme de terre.

La récolte se fait au fur et à mesure des besoins car les tubercules du topinambour, qui ne craignent pas les gelées, peuvent rester en terre pendant tout l'hiver.

Les feuilles du topinambour donnent un excellent fourrage ; ses tiges servent à chauffer les fours ; ses tubercules fournissent un aliment sain.

Le rutabaga, ou chou-navet, ou chou-rave, se sème en pépinière vers la fin de février. On repique quand les plants ont acquis la grosseur du petit doigt. On les plante alors en ligne soit à la main soit à la charrue ; la reprise est assez délicate. Puis, ensuite, il faut biner et butter énergiquement. On récolte enfin pendant tout l'hiver, suivant les besoins. Le rutabaga supporte assez bien la gelée, et ses feuilles sont, comme ses racines, une nourriture excellente pour le bétail.

La carotte se plaît dans les terrains frais. On la sème au printemps, en lignes espacées de 15 à 20 centimètres et on l'éclaircit au moment du premier binage de façon à laisser un intervalle de cinq centimètres entre les racines Elle demande les mêmes soins que la betterave

Le chou de grande culture — L'un des meilleurs fourrages verts destinés à la nourriture des animaux est certainement le *chou cavalier*, dont la tige, toute garnie de feuilles, s'élève à une hauteur variant de 1^m20 à 1^m80. Cette plante présente plusieurs avantages : 1° On peut fumer abondamment la terre et la préparer ainsi à une succession de récoltes qui craignent la fumure fraîche ; 2° de plus, elle prend peu à la terre et beaucoup à l'air ; 3° elle permet les sarclages et les binages et elle vient souvent en récolte dérobée. Le chou cavalier s'accommode très bien du climat du Nord ; il aime les terres franches, argileuses sans être humides. On sème en pépinière vers le commencement de juin et on repique en éloignant les plants, suivant la fertilité du sol, de 0^m70 à 1^m. Puis on cueille les feuilles pendant tout l'hiver en commençant par celles du bas.

Entretiens.

Quelle est la plus importante racine, au point de vue agricole ? Que savez-vous sur la culture de la betterave ? Que fait-on de la racine fourragère ? — de la betterave industrielle ? Parlez de la pomme de terre ? — du topinambour ? — du rutabaga ? — de la carotte ? — des choux de la grande culture ?

XII. — LES GRAINES OLÉAGINEUSES

On nomme plantes oléagineuses celles qui donnent des graines dont on tire l'huile. Les plus cultivées sont le colza, le pavot-œillette, la cameline, la navette et la moutarde blanche.

Il y a deux variétés de colza : le colza d'hiver qu'on sème au milieu de l'été et le colza de printemps qu'on sème au printemps et qu'on récolte l'année même.

Le **colza** veut une terre meuble et saine, riche et fortement fumée : on le sème en pépinière et on transplante au plantoir ou à la charrue ; on le récolte lorsque les graines sont à peine mûres : il mûrit en javelles. On le bat dans les champs sur une large toile avec le fléau. Les graines du colza servent à fabriquer l'huile à brûler ; avec le résidu de la presse on fait les tourteaux.

Le **pavot** ou **œillette** est cultivé en grand surtout dans le nord de la France, pour l'huile qu'on tire de ses graines et qui est comestible. Les terres légères sont celles qui lui conviennent le mieux On le sème au printemps, à la volée ; on procède au binage dès qu'on peut le reconnaître et on l'éclaircit. On entretient ensuite la propreté du sol. On récolte avant que les capsules soient ouvertes et on laisse sécher sur place en petites bottes dressées les unes contre les autres. On appuie le pied des tas avec de la terre afin que le vent ne les renverse point On recueille la graine en renversant les bottes au-dessus d'une grande toile et en secouant les capsules.

On utilise les tiges sèches pour chauffer le four.

La **cameline** est cultivée dans le nord et dans l'ouest de la France. L'huile en est moins abondante, mais meilleure à brûler que celle du colza Son grand avantage est d'être à l'abri des puces de terre et des autres insectes qui ravagent le colza.

Elle demande la même culture que celui-ci.

Les tiges servent à confectionner des balais.

La **navette** est une sorte de navet à petite racine. Elle réussit dans les sols calcaires. On sème la variété d'hiver en juin et la variété d'été au printemps ; la première est plus avantageuse.

La **moutarde blanche** est quelquefois cultivée comme plante oléagineuse Ses graines donnent 30 à 35 pour cent d'huile. Elle exige une terre bien préparée et richement fumée. On sème au commencement d'avril à la volée ou en lignes.

Entretiens.

Qu'appelle-t-on plantes oléagineuses ? Nommez les plantes oléagineuses les plus cultivées ? Que savez-vous du pavot-œillette ? — de la cameline ? — de la navette ? — de la moutarde blanche ?

XIII. — LES PLANTES TEXTILES

On entend par plantes textiles celles dont les fibres servent à la confection des fils, des cordes et des étoffes. On cultive, en France. le lin et le chanvre principalement.

Le **lin** est une plante annuelle à petites fleurs bleues ou blanches. Il vient dans tous les sols meubles, propres et riches en humus. On le sème en mars et en mai et on le récolte à la fin de juin et en juillet. L'écorce de sa tige renferme ces fibres déliées, souples et tenaces dont on fait des tissus si variés.

On fait rouir les tiges de lin en les laissant séjourner quelques jours dans l'eau, et on les teille ensuite pour séparer les filaments de la paille.

Dans les filatures on fait du fil avec la filasse ; les tissus se font dans les tissages.

On cultive beaucoup le lin dans les pays de plaines.

La graine de lin sert à faire de l'huile ; et avec le résidu, on fait les tourteaux.

Le **chanvre** ne peut réussir que dans les terres riches, meubles ou labourées profondément.

Comme le chanvre demande une trop grande quantité du meilleur fumier et des soins considérables, il n'est pas partout avantageux de le cultiver avec certitude de bénéfice La pratique peut seule justifier cette théorie. Ses fibres, moins souples que celles du lin, servent à fabriquer les grosses toiles et les cordages. Sa graine est le chènevis.

Entretiens.

Qu'appelle-t on plantes textiles ? Quelles plantes **textiles** cultive-t-on en France ? Qu'est-ce que le lin ? Dans quels sols convient-il de semer le lin ? Quelle est l'époque des semailles ? Qu'est-ce que le rouissage ? Où fait-on les fils de lin et les tissus ? A quoi sert la graine ? Comment s'appelle le résidu de la fabrication de l'huile ?

Dans quelles terres réussit le chanvre ? Est-il avantageux de le cultiver partout ? A quoi servent les fibres du chanvre ? A quoi sert la graine ?

XIV. — PLANTES DIVERSES

Le **houblon** est une plante grimpante et vivace. On le plante au moyen de rejetons qu'on détache des vieux pieds. Les pieds sont espacés de deux mètres. Pour planter le houblon, on creuse un fossé d'un mètre de profondeur que l'on remplit de terreau. Pour soutenir le houblon on lui donne des perches de quatre à six mètres de hauteur autour desquelles les plantes s'entortillent. Lorsque les fruits, appelés cônes, sont d'un vert-jaunâtre, le moment de la récolte est arrivé ; on coupe la plante au pied et on enlève les perches sur lesquelles on cueille facilement les cônes pour les faire sécher.

Tout est bon dans cette plante : les fruits servent à la

fabrication de la bière, les tiges au chauffage et les feuilles aux bestiaux.

Entretiens.

Qu'est-ce que le houblon ? Comment plante-t-on le houblon ? A quels signes reconnaît-on que les cônes du houblon sont mûrs ? Quelle est l'utilité du houblon ?

Le **tabac** est une plante annuelle, originaire de l'Amérique. Un pied de tabac fut envoyé, en 1557, à la reine de France Catherine de Médicis, par Nicot, ambassadeur en Portugal. La culture du tabac, si importante, n'est pas libre : dix départements seulement sont autorisés à s'y livrer. Le Pas-de-Calais figure parmi ceux-ci. La surface qu'il est autorisé à planter a été dans ces dernières années de 1.200 hectares.

Le tabac préfère les terres argilo-calcaires, meubles et fraîches. On fume avec du fumier d'étable et avec du tourteau On sème une pépinière pour transplanter ensuite les jeunes plants.

Quand les plants ont atteint une hauteur de 30 centimètres, on donne un binage suivi d'un léger buttage. Lorsque le tabac commence à donner ses boutons à fleurs, on procède à l'écimage ; c'est une opération qui a pour but de couper les bourgeons à leur aisselle et la cime de la plante, afin de ne laisser que les feuilles réservées.

La récolte se fait en septembre : elle est longue et demande beaucoup de soins. Le nombre de plantes par hectare est fixé à 50,000 dans le Pas-de-Calais.

Entretiens.

Que savez-vous sur le tabac ? Sa culture est-elle libre ? Quel est le nombre d'hectares que le département du Pas-de-Calais peut planter ? Quelles terres préfère le tabac ? Comment se fait le semis du tabac ? Comment pratique-t-on le repiquage des jeunes plants ? Quels soins faut-il donner au tabac pendant sa végétation ? Comment en fait-on la récolte ? Que fait-on avec le tabac ?

XV. — PLANTES FOURRAGÈRES

Les *fourrages*, qui servent à la nourriture des bestiaux, soit à l'état sec, soit à l'état vert, sont produits par les prairies naturelles et les prairies artificielles.

Les prairies naturelles.

Les prairies naturelles sont celles où la graine une fois semée se perpétue et produit de l'herbe sans qu'il soit besoin d'ensemencer de nouveau.

Les prairies situées sur les hautes montagnes ont une herbe fine, succulente, courte. qui se mange sur place.

Les prairies sèches ne reçoivent qu'accidentellement les eaux de pluie que le cultivateur intelligent y conduit plus ou moins habilement.

Mais pour qu'une prairie soit productive, le sol doit en être naturellement un peu humide et ombragé. Si elle est riveraine d'un petit cours d'eau, ce qui arrive souvent, on en augmente la fécondité en l'arrosant artificiellement, à certaines époques de l'année, au moyen de barrages établis provisoirement en travers du cours d'eau et qui, en en arrêtant le cours, le font déborder et submerger la prairie : c'est ce qu'on appelle l'**irrigation**.

Mais si les herbes y croissent sans culture, leur nature, cependant, n'est pas indifférente à la bonne qualité du foin.

Parmi les plantes qui peuvent concourir à la formation des prairies naturelles, nous citerons : l'agrostis, le fromental, le ray-grass anglais, la fétuque ovine, la fléole des prés, le brome, le pâturin des prés.

L'ensemencement des prairies naturelles se fait en septembre ou en mars.

Les soins à donner sont : de les débarrasser des mauvaises herbes, d'épandre les taupinières, de les arroser de temps en temps avec le purin, de les irriguer lorsqu'il fait sec.

Entreti.ns.

Qu'appelle-t-on plantes fourragères ? Qu'est-ce que les prairies naturelles ? — les prairies artificielles ? Que faut-il pour qu'une prairie soit productive ? En quoi consiste l'irrigation d'une prairie ? Quelles sont les plantes qui forment les prairies naturelles? Quand en fait-on le semis ? Quels soins réclament les prairies naturelles ?

Les prairies artificielles.

Les prairies artificielles sont celles que l'on sème accidentellement pour avoir du fourrage, qui ne se renou-

velle que pendant quelques années et que l'on est obligé
de rompre pour y mettre ensuite des céréales.

Les prairies artificielles, comprennent le trèfle, la
luzerne, le sainfoin et la minette.

Le **trèfle** aime les sols calcaires, et il importe de le
cultiver dans un terrain bien fumé, bien propre. On fauche le trèfle lorsqu'il est en fleurs, on le fait sécher et
on le met en meule. Quand le regain est fort, on le fauche
pour le faire manger en vert. Le trèfle incarnat préfère
les sols légers et sablonneux et ne dure qu'un an ; le
trèfle commun est une plante bisannuelle ; le trèfle blanc,
que l'on trouve dans les bons prés, est vivace

Le **sainfoin**, qui dure de six à huit ans, affectionne un
sol propre, profond, riche, meuble et ayant un sous-sol
perméable : mais il vient sur toutes les terres calcaires.

La **luzerne** est une plante vivace; elle veut un terrain
riche ; les amendements calcaires lui conviennent On la
sème en avril. Sa principale ennemie est la cuscutte.

La lupuline, ou **minette** dorée, est une petite espèce
de luzerne moins productive que la luzerne commune,
mais qui fournit un très bon fourrage dans les terrains
calcaires et secs.

Entreliens.

Que comprennent les prairies artificielles ? Parlez de la culture du trèfle ? du sainfoin ? de la luzerne ? de la minette ?

Fenaison. — Les foins doivent être fauchés lorsque la
plupart des plantes fourragères sont en fleurs.

Par un beau temps, aucune opération n'est plus simple
que la récolte des prairies. L'herbe fauchée est étendue,
puis retournée deux ou trois fois, enfin amassée en *meu-*
lettes ou tas de deux mètres de haut Si le temps est
pluvieux, le mieux est de mettre, à deux ou trois reprises,
l'herbe en gros tas qu'on démolit dès qu'ils sont fortement échauffés à l'intérieur. Si le temps, quoique incer-
tain, ne paraît pas assez mauvais pour nécessiter ce genre
de fenaison, dont le travail est considérable, on ne doit
pas perdre de vue que l'herbe ne se gâte, ni lorsque,
verte, elle gît sur terre, ni lorsque, à moitié sèche, elle
reste en meulettes pendant quelques jours, mais qu'elle
se détériore à chaque averse ou forte rosée qu'elle reçoit,
étendue sur le pré dans un état de dessiccation incomplète.

Comme le feuillage des plantes de prairies artificielles tombe facilement, on ne doit pas secouer ces plantes comme l'herbe des gazons naturels, mais plutôt laisser sécher les andains en les retournant une seule fois, ou bien les amonceler, encore verts, en petits tas de 50 centimètres de haut, qu'on laisse sécher doucement.

Dans les bonnes prairies, vers la fin de septembre, on coupe un deuxième foin appelé *regain*, qui convient surtout aux vaches.

Entretiens.

Qu'est-ce que la fenaison ? Quand est-ce que les foins doivent être fauchés ? Dites ce que vous savez sur la fauchaison ? — sur la fenaison ? Qu'est-ce que le regain ?

Les plantes nuisibles aux prairies.

Les principales plantes nuisibles aux prairies sont : le chiendent, la luzerne maculée, la grande pâquerette, la patience, l'euphorbe, la fougère, le colchique, la renoncule, le jonc, le carex, le chardon, la mousse, le populage des marais.

Le chiendent, la grande pâquerette et la patience prennent la meilleure nourriture des plantes et se détruisent difficilement. La luzerne maculée n'est pas un mauvais fourrage : elle a l'inconvénient de prendre la place des autres plantes.

Le plus sûr moyen de détruire ces plantes est d'arracher les pieds avant la floraison

Toutes ces plantes nuisibles annoncent une terre humide et pauvre. On les fait disparaitre en apportant le remède souverain : le **fumier**.

Entretiens.

Quelles sont les plantes nuisibles aux prairies ? Comment détruit-on ces plantes ?

Conservation des fourrages verts (1). — Une certaine succession d'années pluvieuses qui ont, comme conséquence, occasionné une disette de foins, en même

(1) On consultera avec fruit, sur ce sujet, un opuscule de M. Larbalétrier, professeur à l'école d'agriculture de Berthonval, en vente chez Le Bailly, libraire, 15, rue de Tournon, Paris (0 fr. 50).

temps que le désir de continuer pendant les mois d'hiver l'alimentation au vert, incontestablement préférable aux aliments secs, ont fait songer aux essais de conservation des fourrages à l'état frais.

Divers procédés sont employés. Le principe général, c'est que, comme pour la pulpe, il faut éviter soigneusement le contact de l'air.

Si on adopte le silo, il serait préférable de faire le revêtement des parois en briques, avec enduit étanche au ciment, mais dans la plupart des cas un simple silo en terre suffira. Ses dimensions seront naturellement en rapport avec l'importance de la récolte à conserver. On donne aux parois une certaine inclinaison, c'est-à-dire que la fosse va en s'élargissant vers le haut. On en tapisse le fond avec de la paille, puis on tasse fortement le fourrage par couches, à mesure qu'il est amené et on élève le tas de 1 mètre 80 à 2 mètres au-dessus du sol. On le recouvre ensuite de paille et d'une couche de terre, — celle provenant de la fouille, — de 80 centimètres d'épaisseur. On peut encore recouvrir le tas de planches et charger celles-ci de briques, de pierres, ou tout autre corps lourd. Le point essentiel, c'est de ne laisser pénétrer ni l'air, ni l'eau.

Entretiens.

Comment se fait la conservation des fourrages verts ?

XVI — LES ASSOLEMENTS

L'assolement est l'art de faire alterner les cultures sur le même terrain, pour en tirer constamment le plus grand profit aux moindres frais possibles.

Les plantes puisent dans la terre la plupart des substances nécessaires à leur développement et chaque récolte enlève au sol une partie plus ou moins considérable de ces substances. Donc, si une terre produisait les mêmes plantes pendant plusieurs années consécutives, elles finiraient par absorber toutes les substances à leur convenance, et le sol deviendrait stérile.

D'un autre côté, les plantes n'épuisent pas la terre au même degré ; les plus épuisantes sont : les céréales, puis le colza, le lin, le chanvre, et celles en général dont on laisse mûrir les graines, parce que, vers l'époque de leur maturité, les feuilles, déjà en partie desséchées, cessent d'absorber les principes nutritifs dans l'atmosphère et laissent aux racines seules le soin de fournir aux besoins de la végétation

Les cultures considérées comme reposantes ou fertilisantes sont celles qui doivent être fauchées avant l'époque de leur fructification, telles que le trèfle, le sainfoin, la luzerne.

Les plantes que l'on doit biner et sarcler, les pommes de terre, les betteraves, par exemple, sont de bonnes préparations à la semence des céréales, parce que ces façons répétées détruisent les plantes nuisibles dont les graines se trouvaient dans la terre ou y avaient été apportées par des causes accidentelles.

Voici un exemple d'assolement que nous avons entendu recommander par des agriculteurs très compétents.

1re année : betteraves (racines);
2e — blé avec semis de trèfle (céréales);
3e — trèfle (plante fourragère);
4e — orge ou avoine (céréales).

Entretiens.

Qu'est-ce que l'assolement? Qu'arriverait-il si une terre produisait les mêmes plantes? Pourquoi les céréales, puis le colza, le lin et le chanvre sont-ils des plantes épuisantes? Nommez les plantes qui donnent des cultures considérées comme reposantes ou fertilisantes? Donnez un exemple d'assolement.

La jachère. — Avec les anciens procédés de culture, on laissait, dans les assolements généralement adoptés, la terre une année à l'état de *jachère*, c'est-à-dire au repos, non pas de culture, puisque la terre recevait plusieurs labours dans l'année, mais au repos de production.

Mais la jachère est une année perdue, pendant laquelle il faut néanmoins travailler la terre sans en rien obtenir, aussi disparaît-elle peu à peu des pays où l'agriculture fait des progrès. Elle peut être d'ailleurs remplacée par la culture de certaines plantes, par exemple, celles qui exigent des binages et des sarclages répétés rendant le sol meuble et propre, et par des fourrages artificiels, qui étouffent les mauvaises herbes.

Entretiens.

Qu'est-ce que la jachère?

XVII. — LES PLANTES NUISIBLES

Les plantes nuisibles prennent la place des végétaux cultivés et épuisent considérablement le sol. Aussi le cultivateur prévoyant doit-il donner des sarclages et des binages autant que cela est nécessaire pour rendre la terre propre et afin que les plantes cultivées soient en bon état de végétation.

Voici la nomenclature des plantes nuisibles :

Famille des composées : le pissenlit, la camomille puante, les chardons, les circes, la chrysanthème des moissons, le bluet, le laiteron des champs le séneçon.

Famille des renonculacées : les renoncules ou boutons d'or.

Famille des crucifères : la moutarde des champs ou sené, le radis sauvage ou ravelu.

Famille des solanées : le datura stramonic ou pomme épineuse, la morelle noire.

Famille des ombellifères : la petite ciguë (très vénéneuse et qui peut être confondue avec le cerfeuil).

Famille des graminées : le chiendent, l'ivraie enivrante.

Autres plantes : l'euphorbe ou réveille-matin, la mercuriale annuelle, le liseron des champs, les patiences, le coquelicot, le plantain, les prêles la cuscute, l'orobanche.

La **cuscute** est une plante filamenteuse dont les tiges s'enroulent et se crispent comme une chevelure inextricable autour des trèfles et les font mourir.

Le meilleur moyen de s'en débarrasser est de brûler les places attaquées.

L'**orobanche** est une plante sans feuilles, de couleur jaunâtre qui a un faux air de jeune asperge.

Elle vit aux dépens des racines des trèfles et des chanvres, qu'elle épuise. Il faut la couper à ras de terre dès qu'elle paraît, pour l'empêcher de porter graine.

Les plantes nuisibles doivent être détruites avant la floraison.

Entretiens.

Qu'appelle-t on plantes nuisibles ? Que font les cultivateurs pour s'en débarrasser ? Quelles sont les plantes nuisibles de la famille des composées ? — de la famille des renonculacées ? — des solanées ? — des ombellifères ? — des graminées ? Nommez d'autres plantes nuisibles ? Que savez-vous de la cuscute ? — de l'orobanche ? Quand doit-on détruire les plantes nuisibles ?

XVIII. — LES ANIMAUX DE LA FERME

Les animaux domestiques sont ceux que l'homme élève pour son profit. Ils sont une des richesses principales du cultivateur : le cheval lui donne son travail, la vache son lait, le mouton sa laine, la poule ses œufs; la chair de la plupart alimente nos tables après leur mort et tous produisent en outre du fumier.

Alimentation.

L'alimentation est l'ensemble des règles à suivre pour nourrir les animaux domestiques d'une manière convenable et économique.

Les animaux perdent continuellement de l'acide carbonique par la bouche, de la sueur et des urines sans compter les excréments qu'ils rejettent au dehors ; ils s'épuisent aussi par le travail ; mais les aliments leur rendent chaque jour la force qu'ils ont perdue.

Les aliments sont solides ou liquides. Les aliments solides sont les fourrages verts, le foin, les feuilles de chou, de maïs et de houblon, les racines de betterave, de carotte, de navet, de rutabaga, les tubercules de pommes de terre, de topinambour, la paille des céréales, les grains et les graines, les tourteaux, le son, les pulpes, les drèches.

La *valeur nutritive* des aliments dépend de la quantité qu'ils renferment des trois corps suivants :

1º La matière azotée comme le blanc d'œuf ;

2º La matière grasse comme la crème, le beurre et l'huile ;

3º La matière carbonée comme le sucre, la fécule de la pomme de terre ou l'amidon de blé.

Les aliments durs sont les moins digestibles.

Il est bon de secouer les fourrages secs afin de chasser la moisissure et la poussière qui en recouvrent parfois les tiges et qui sont si nuisibles à la santé des animaux, de hacher la paille, d'écraser les grains et de les faire cuire au besoin ; la mouture et la cuisson des aliments augmentent le digestibilité d'un tiers.

Les repas doivent être servis le plus régulièrement possible : un animal bien soigné ne coûte pas davantage à nourrir et rapporte beaucoup plus.

On appelle *ration* la quantité de nourriture nécessaire chaque jour à un animal. La ration d'entretien sert simplement à réparer les pertes ; la ration de production est le supplément que l'on ajoute à la ration d'entretien quand l'animal nourrit ses petits, ou donne des produits tels que son travail, son lait, sa graisse.

Personne n'ignore les bons effets que produit le **sel** ajouté aux aliments du bétail ou administré sous forme de blocs placés dans les mangeoires à la disposition des bêtes qui les lèchent à volonté.

Grâce au sel les animaux mangent davantage, digèrent mieux, se fortifient ; le lait des vaches est plus riche et plus abondant.

Aussi sale-t-on les fourrages, principalement ceux de qualité inférieure pour les rendre plus appétissants. Les pulpes, les drèches, les feuilles, etc.

L'eau que l'on donne aux animaux de la ferme doit être de bonne qualité En ce qui concerne les vaches laitières on leur donne à boire en été de l'eau de citerne, ou de puits, ou préférablement de l'eau de ruisseau dans laquelle on a jeté quelques poignées de son. L'hiver on prépare ainsi leur breuvage : on emplit la chaudière économique, au tiers environ, de cossettes de betteraves coupées par le coupe-racines on ajoute un litre ou deux de graines de lin et l'on achève de remplir avec de l'eau. On fait bouillir et on distribue le breuvage un peu tiède dans des cuves avec la quantité d'eau jugée nécessaire.

Entretiens.

Qu'appelle-t-on animaux domestiques ? Quelle en est le rapport ? Que savez-vous sur la valeur nutritive des aliments ? Quelles précautions convient-il de prendre quant aux aliments des animaux domestiques ? Comment les repas doivent-ils être servis? Qu'appelle-t-on ration d'entretien ? — ration de production ? Quels sont les effets du sel ajouté aux aliments du bétail ? Quelle est la boisson des animaux domestiques ? Comment faut-il la donner ?

Hygiène des animaux.

L'*hygiène* est l'art d'éviter les maladies. Les principales causes des maladies pour les animaux sont, comme pour la race humaine, les courants d'air froid et humide, l'usage des aliments avariés, l'insuffisance de nourriture et l'excès de travail.

Il faut que le logement des animaux domestiques soit salubre, spacieux et convenablement disposé pour leur permettre d'y prendre commodément leur nourriture et jouir d'un repos facile.

Le sol des étables et des écuries doit être légèrement incliné pour faciliter l'écoulement des urines.

Les fenêtres doivent être placées assez haut pour donner de l'air aux bêtes sans les exposer au froid.

Le pansage est fort utile.

Entretiens.

Qu'est-ce que l'hygiène? Quelles conditions doit avoir le logement des animaux domestiques ? Comment doit-être le sol des étables ? — les fenêtres ?

Engraissement.

Lorsqu'on engraisse des animaux, on désire qu'ils puissent consommer beaucoup de nourriture. Cette nourriture doit d'abord être rafraîchissante : par exemple, des racines, des choux. A mesure que l'engraissement progresse on donne des aliments de plus en plus nutritifs.

Ainsi donc au début on donne les deux tiers de la ration en aliments frais, betteraves, carottes, choux, et le tiers en aliments secs, foin de très bonne qualité. Un mois ou six semaines après, les aliments verts composent la moitié de la ration et les secs l'autre moitié. Au bout de trois mois, les aliments verts ne fournissent plus qu'un tiers ; le foin un second tiers et les farineux le reste.

L'obscurité, qui éloigne les mouches, favorise l'engraissement.

Entretiens.

Quelles sont les règles à suivre dans l'engraissement du bétail ? Quelle est l'influence de l'obscurité ?

Amélioration des espèces.

Une race pure se conserve et ne s'améliore pas. Pour améliorer les races d'animaux deux moyens principaux sont employés : de bons reproducteurs et une nourriture riche.

Pour avoir une bonne vache laitière, par exemple, il

faut que la mère soit excellente laitière et que le père appartienne à une famille de bonne laitière.

Un animal mal nourri ne tarde pas à perdre sa vigueur et à tomber malade : il ne fera jamais qu'un animal sans valeur. Des animaux bien soignés font une riche agriculture et une riche agriculture, nous le répétons, fait la prospérité d'un pays.

Entretiens.

Comment améliore-t-on les races d'animaux ?

Le cheval (*espèce chevaline*).

De tous les animaux serviteurs de l'homme, le plus beau, le plus précieux, c'est le cheval. Vigoureux, rapide, fier et brave, assez intelligent, s'il est bien traité et dressé avec soin, il devient doux et soumis, fidèle, attaché à son maître. En retour des services qu'il nous rend, il mérite bien, n'est-ce pas, qu'on le nourrisse convenablement, qu'on le soigne, qu'on lui épargne les coups, qu'on ne le charge pas au-delà de ses forces, qu'on n'exige pas de lui un travail extraordinaire et sans repos.

La France est le pays qui possède les races de chevaux les plus belles. La meilleure pour traîner de lourds fardeaux est la race *boulonnaise*, dont le nom nous indique l'origine : le Pas-de-Calais, mais dont l'élevage se fait aussi sur une assez grande échelle dans le Vimeux, c'est-à-dire la partie du département de la Somme limitrophe du nôtre. La meilleure race pour traîner plus rapidement des fardeaux moins lourds est la race *percheronne* (Eure-et-Loir) ; mais la plus élégante et la plus rapide à la course est la race *normande*, dont le centre d'élevage est le département du Calvados.

Soins a donner aux chevaux. — Le pansage a une grande importance hygiénique. Quand le corps du cheval est couvert de sueur, il faut l'en débarrasser en passant sur sa peau une règle de bois. On enlève la poussière avec l'étrille et une brosse de chiendent. Après qu'on l'a brossé, on frotte le cheval avec un bouchon de paille.

Les bains froids sont très toniques pendant les chaleurs et produisent le meilleur effet.

Un cheval qui revient de l'abreuvoir doit toujours être ramené tranquillement pour bien digérer l'eau qu'il a bue. On ne doit pas lui remettre le harnais mouillé qui le refroidit ; on ne doit pas négliger de mettre sur son dos une couverture de laine lorsqu'on est forcé de le faire arrêter quand il est en sueur.

Le tondage donne de l'appétit aux animaux. Il faut les tondre vers la fin de l'automne, avant les premiers froids et ne pas craindre de renouveler l'opération en plein hiver s'il en est besoin.

Maladies du cheval. — Les maladies les plus communes du cheval sont la fourbure, la pousse, le cornage et la morve.

La première série des soins que réclame un cheval *fourbu* est la saignée plus ou moins abondante, plus ou moins répétée suivant la persistance des symptômes et leur intensité, les bains froids, un léger exercice sur un terrain doux.

La *pousse* essentielle et positivement existante est une affection incurable.

Le *cornage* consécutif consiste en une tumeur dans la trachée et se guérit par la trachéotomie sur le point malade.

La *morve* se manifeste par le jetage d'une matière puriforme par les naseaux. C'est une maladie contagieuse et incurable ; il faut donc abattre immédiatement le cheval morveux.

Le local où a séjourné un cheval morveux doit être désinfecté ; on y procède en le lavant avec une forte lessive de potasse, puis en le blanchissant au lait de chaux.

L'homme qui a visité un cheval morveux aura soin de se laver immédiatement les mains avec du savon.

Le cheval couronné. — Le cheval couronné est celui qui, dans une chute, a la peau du genou dilacérée ou seulement privée de poil Quand l'épiderme est écorché, on lave à l'eau froide la blessure pour la nettoyer parfaitement sans l'irriter par aucune friction ; on essuie ensuite avec un linge très doux, puis on met environ un travers de doigt d'épaisseur de coton cardé ; on fixe le coton par une bande de flanelle et on recouvre le tout d'une genouillère de peau afin de prévenir les coups, mais sans la serrer trop. On renouvelle cette opération plusieurs fois La croûte tombe enfin et l'on voit dessous une peau nouvelle recouverte de poils.

Dès que le cheval est couronné, il est très bon de le mener à l'abreuvoir, de l'y laisser une demi-journée et de soigner ensuite la blessure comme il est dit plus haut.

Le mulet (*espèce chevaline*).

Le mulet est un quadrupède né d'un cheval et d'une ânesse ou d'un âne et d'une jument

Les mulets du *Poitou*, du *Berry* et des *Pyrénées* rendent de grands services à la petite culture, surtout dans les pays de montagnes ; ils sont très employés dans le midi de la France. Nous vendons beaucoup de mulets à l'Espagne.

Sa *nourriture* est celle qui convient au cheval.

Il est de toute nécessité que pour avoir un mulet vigoureux et fort, il faut le tenir propre, l'étriller et le brosser tous les jours, lui renouveler souvent sa litière, lui faire prendre des bains froids.

L'âne (*espèce chevaline*).

On admet généralement deux espèces d'ânes : l'espèce africaine, à tête longue et l'espèce européenne à tête courte.

La race européenne est originaire des iles Baléares. Son domaine est actuellement le littoral de la Méditerranée, mais on la trouve presque partout mélée à la variété commune de la race d'Égypte Ce sont les femelles de la race européenne qui fournissent aux malades de nos villes le lait d'ânesse.

On subdivise la race européenne en trois variétés : la variété de la *Gascogne*, la variété commune, et enfin la belle et grande variété du *Poitou*, la plus précieuse des trois dont la principale fonction économique est la production des mulets. C'est surtout près de Melle (Deux-Sèvres), qu'on trouve les magnifiques ânes-étalons désignés sous le nom de **baudets**.

Entretiens.

Quels sont les animaux de l'espèce chevaline ? Quelles sont les qualités du cheval ? Quelle est la meilleure race de chevaux pour traîner les lourds fardeaux ? Que savez-vous de la race percheronne ? — de la race normande ? Quels sont les soins à donner aux chevaux ? Quelles sont les maladies du cheval ? Que savez-vous sur la fourbure ? — la pousse ? — le cornage ?

—la morve? Qu'est-ce qu'un cheval couronné? Que fait-on quand un cheval est couronné ?

Parlez du mulet? Quelles sont les principales races de mulets ? Quelle est la nourriture du mulet? Quels soins convient-il de lui donner ?

Combien y a t-il d'espèces d'ânes? A quoi utilise-t-on en ville le lait des ânesses ? Quelles sont les variétés d'ânes de la race européenne ? Dans quel pays élève-t-on les ânes étalons ?

LES RUMINANTS

Les animaux domestiques compris dans cette catégorie sont : le bœuf, le mouton, la chèvre.

On les appelle ruminants à cause d'un mode particulier de digestion appelé rumination et qui leur est propre.

Il vous est arrivé souvent de voir un bœuf, ou plus communément une vache, couché et mâchonnant quoique n'ayant aucune nourriture devant lui. Cet animal fait la digestion : il rumine ; c'est-à-dire que la nourriture, imparfaitement mâchée, qu'il a prise une première fois, après s'être arrêtée dans une poche appelée panse qui constitue un des quatre compartiments digestifs de l'estomac, en remonte par pelote dans la bouche et y subit une nouvelle trituration avant de passer définitivement par chacun de ces compartiments.

La vache (*espèce bovine*).

Dans l'espèce *bovine*, il faut considérer les animaux sous deux aspects, selon qu'on veut les employer au travail ou qu'on a en vue la production du lait et de la viande. La douce et docile race des montagnes de l'Auvergne connue sous le nom de race de *Salers*, réunit assez les qualités des animaux de travail à celles qu'on rencontre dans les races laitières et de boucherie.

La bonne vache à lait a le pis bien fait, des trayons bien développés, un cuir plutôt mince qu'épais, un pelage doux.

Les races laitières les plus renommées sont celles de la *Normandie*, de la *Flandre*, de la *Franche-Comté* et de la *Bretagne*.

Beaucoup de races françaises ont été croisées avec des races étrangères, notamment avec les races anglaises et suisses. Il en est résulté des produits très remarquables, surtout au point de vue des exigences de la boucherie.

Comme types étrangers, il y a les races anglaises de *Durham* et de *New-Leicester*.

Pour qu'une vache donne beaucoup de lait et qu'elle se porte bien il lui faut une litière souvent renouvelée. Si on la laisse sur un fumier humide, son lait diminue vite et devient plus clair.

L'étable doit être haute ; des ouvertures doivent être pratiquées tout en haut afin de donner de l'air aux bêtes sans les exposer au froid.

Maladies des bêtes a cornes. — Les maladies les plus fréquentes chez les bêtes à cornes sont l'étranglement du gosier, l'enflure ou météorisation, la cocotte et la péripneumonie

L'*étranglement* du gosier se produit quand un animal avale une racine trop grosse : on ouvre la gueule de l'animal et on pousse la racine dans l'estomac au moyen d'une baguette d'osier garni d'un chiffon.

L'*enflure* est due à la formation d'une grande quantité de gaz, ce qui arrive souvent quand les animaux absorbent des végétaux mouillés par la rosée ou par la pluie : on leur fait avaler de l'huile, de l'eau très salée ou contenant de l'alcali volatil.

La *cocotte* est contagieuse. La bouche des animaux écume, la langue se couvre d'ampoules, la lactation disparaît : on tient les animaux dans une grande propreté, on leur lave les pieds avec de l'eau phéniquée, on leur distribue des aliments rafraîchissants.

La *péripneumonie* se dénote par une toux et par un dépérissement. Il faut abattre l'animal malade.

Le bœuf *(espèce bovine).*

Le bœuf est un taureau rendu impropre à la reproduction de l'espèce, employé en agriculture comme bête de trait et dont la chair constitue pour l'homme l'aliment le plus réparateur.

Le bœuf de travail est peu apte à porter mais il est excellent pour le tirage Sa force très grande réside dans la tête et les épaules, de là le mode d'attelage particulier qu'on a pu remarquer. Il résiste beaucoup mieux à la fatigue que le cheval, est plus patient, et son pas lourd, mais régulier, donne plus d'uniformité au travail qu'il accomplit.

Vers l'âge de dix ans on lui fait quitter le travail pour l'engrais.

Dans l'état actuel de l'agriculture, il semble que la production de la viande est l'opération la plus lucrative pour l'éleveur. Le moyen le plus sûr pour atteindre ce but est d'adopter la *stabulation* permanente, c'est-à-dire le repos complet dans l'obscurité et une tranquillité parfaite. En réalisant ces conditions on obtient des animaux si précoces qu'ils sont complètement formés à deux ans. Les meilleurs bœufs de boucherie sont les bœufs *Charolais*, dans le département de Saône-et-Loire, et ceux de la race Durham (race anglaise).

Entretiens

Qu'appelle-t-on animaux ruminants ? En quoi consiste la rumination ? Nommez les animaux ruminants ? Quels sont les animaux de l'espèce bovine ? Que savez-vous sur la race de Salers ? A quoi reconnaît-on la bonne vache à lait ? Quelles sont les vaches laitières les plus renommées ? Quels sont les types étrangers ? Que faut-il faire pour qu'une vache donne beaucoup de lait ? Quelles sont les maladies des bêtes à cornes ? Qu'est-ce que l'étranglement du gosier ? — l'enflure ? — la cocotte ? — la péripneumonie ?

Qu'est-ce qu'un bœuf ? Quelles sont les qualités du bœuf ? A quel âge lui fait-on quitter le travail pour l'engrais ? Qu'est-ce que la stabulation permanente ? Quels sont les meilleurs bœufs de boucherie ?

Le mouton *(espèce ovine).*

Le mouton est un mammifère de l'ordre des ruminants.

La peau des moutons est recouverte d'un poil grossier mêlé à un duvet plus ou moins abondant qui constitue la laine. On les tond une fois par an, en mai, pour tirer parti de leur laine que l'on tisse.

Les moutons sont engraissés pour la boucherie. Les brebis servent à la reproduction ; on n'en utilise le lait dans nos contrées que pour l'élevage des agneaux qu'on laisse à leurs mères jusqu'au sevrage. Les moutons du

Berry et de la *Flandre* sont les plus recherchés après les mérinos d'Espagne.

Les maladies du mouton sont la gale, le piétin et la clavelée.

La *gale* se fait voir d'abord sur le dos, la croupe et les flancs. La toison tombe, le mouton dépérit. Aussitôt qu'on s'aperçoit de la maladie, on s'empresse d'isoler les animaux atteints, de les tondre et de les laver deux fois par jour avec du pétrole.

Le *piétin* est une plaie qui attaque les sabots des moutons ; c'est une maladie contagieuse, il faut isoler les animaux atteints. On traite le piétin en nettoyant la plaie et en la lavant avec une dissolution de sulfate de fer.

La *clavelée* qui est également contagieuse, est caractérisée par des boutons analogues à ceux de la variole chez l'homme. On prévient la maladie en inoculant les moutons.

Entretiens.

De quelle espèce est le mouton ? De quoi est recouverte la peau des moutons ? Quand les tond-on ? Quels sont les moutons les plus recherchés en France ? Quelles sont les maladies des moutons ? Qu'est-ce que la gale ? le piétin ? la clavelée ?

La chèvre *(espèce caprine).*

La chèvre est la femelle du bouc. Les chèvres sont des mammifères ruminants très voisins du mouton. On partage les chèvres en chèvres d'Europe, chèvres d'Asie et chèvres d'Afrique.

Les chèvres d'Europe, que l'on croit originaires des hauts sommets des Alpes, ont le crâne arrondi et sont une précieuse ressource pour l'alimentation dans les pays où les vaches et les moutons ne peuvent prospérer. Peu délicates sur le choix de la nourriture, elles donnent un lait qui se rapproche de celui de la vache et avec lequel on peut faire des fromages. Leur viande est peu estimée.

Entretiens.

Quel est l'animal de l'espèce caprine ? Combien y a-t-il de variétés de chèvres ? Quelle est l'utilité des chèvres ? Que peut-on faire avec le lait des chèvres?

Le porc *(espèce porcine).*

Le porc est l'un des plus précieux animaux de la ferme. Il produit plus tôt que les autres animaux. Il se nourrit

de rinçures de laiterie, d'eaux grasses, de fruits fores-
tiers, d'herbes, de racines, de grains, de légumes, de
tout en un mot et tout cela crû ou cuit. Comme bête de
boucherie. il ne donne aucune freinte, toutes ses parties
servent à la nourriture.

A 5 mois on met les porcs à l'engrais et, 4 à 5 mois
après, ils sont complétement engraissés.

Les plus belles races françaises sont celles de *Bresse*,
de *Craon* (Mayenne), la race *augeronne* (Normandie), la
race *périgourdine* et la race *pyrénéenne*

Les races anglaises sont renommées pour les poids
énormes qu'atteignent leurs sujets. En général, le porc de
choix a une poitrine ample. des os petits et une peau fine.

La porcherie doit être tenue proprement

Les principales maladies du porc sont la ladrerie, les
coliques, la gale, le scorbut, la variole et la trichinose.

La *ladrerie* est due à la présence d'un ver dans le tissu
cellulaire. Dès qu'on a reconnu la maladie, il faut sacri-
fier l'animal ; la viande est inoffensive.

Les *coliques* du porc se guérissent en administrant de
l'ellébore blanc, ou par des infusions de camomille.

La *gale* est produite par un ver nommé acare ou aca-
rus. Cette maladie se guérit en employant le jus du tabac,
une décoction de l'ellébore blanc ou le vinaigre arsenical.
La gale est une maladie contagieuse.

Le *scorbut* corrompt la masse du sang. On le guérit par
le mouvement à l'air libre, les bains, par un régime for-
tifiant composé de pois, de fèves, de petit lait aigri.

La *variole* est une maladie contagieuse caractérisée par
une éruption de pustules qui causent une douleur cui-
sante. Elle ne réclame qu'un traitement hygiénique
composé d'un séjour tempéré et de boissons de petit lait
aigri

La *trichinose* est produite par les trichines, vers
excessivement minces qui se trouvent dans les muscles
du porc. La maladie peut se communiquer à l'homme
par les aliments ; il est donc prudent de ne manger la
viande de porc que bien cuite.

Entretiens.

Quels sont les animaux de l'espèce porcine ? Quelle est la
nourriture des porcs ? Quand met-on les porcs à l'engrais ?

Quelles sont les races les plus renommées ? Quelles sont les plus belles races françaises? Quelles sont les principales maladies du porc? Comment les guérit-on?

LA BASSE-COUR

Les produits de la basse-cour, bien que de second ordre dans une exploitation agricole, ne contribuent pas moins à faire naître l'aisance chez les petits fermiers.

La basse-cour doit présenter un amas de sable où les poules aiment à se rouler, un carré de gazon où elles viennent prendre leurs ébats, une mare pour les oies et les canards.

Elle doit être à l'abri des grands froids autant que des fortes chaleurs.

Les poules.

Au premier rang de la volaille, on place les poules. Les principales races françaises sont : la poule commune, la race de *Crèvecœur* (Oise , remarquable par ses prédispositions à la graisse, la race de *Houdan*, la plus précieuse pour la ponte, la race du Mans ou de la *Flèche*, qui donne les poulardes si recherchées. On cite encore comme excellentes les races de *Bresse* et de *Barbézieux*.

L'élevage des poules ne donne réellement de profit qu'autant que ces animaux ont un libre parcours et peuvent s'éparpiller dans tous les endroits de la ferme, dans les champs où la récolte est enlevée, dans les chemins, dans les prairies.

Pour engraisser les poules, on les séquestre dans une sorte de cage qui les tient dans une immobilité presque complète. On leur donne une sorte de pâtée faite avec des balayures de farine, de rebulet, de farine de maïs délayées dans du petit lait

Entretiens.

Qu'est-ce que la basse-cour ? Que doit présenter une basse-cour bien conditionnée ? Quelles sont les principales races françaises de poules ? Quand est-ce que l'élevage des poules donne du profit ? Comment engraisse-t-on les poules ?

Les canards.

On cite trois races de canards : 1º la race commune qui comprend plusieurs variétés, entre autres les canards de *Rouen* qui prennent de grandes dimensions ; 2° le canard musqué de *Barbarie*, et 3° les canards *metis* provenant du mélange des deux autres races.

Les canards, comme les oies, ne peuvent être élevés d'une manière pratique que dans le voisinage des mares.

Les œufs de canard peuvent être couvés par des poules qui prennent le plus grand soin des petits.

Les jeunes canards sont renfermés pendant les quinze premiers jours de leur naissance, puis on les laisse ensuite vaquer en liberté dans les mares ou étangs.

Entretiens.

Citez les trois races de canards ? Que faut-il pour élever les canards d'une manière pratique ? Comment élève-t-on les canetons dans les quinze premiers jours de leur naissance ?

Les oies.

On distingue deux races d'oies : la race commune ou petite oie et l'oie du Midi ou de *Toulouse*, dont la grosseur se rapproche de celle du cygne Les oies ne sont pas difficiles sur le choix et la qualité de leurs aliments : les graines de toutes sortes, les racines crues ou cuites leur conviennent. Elles ne font qu'une ponte et une couvée par an, et les jeunes oisons exigent beaucoup de soins dans les premiers moments de leur éclosion.

L'oie engraisse très facilement. On lui donne d'abord en liberté du maïs, du sarrazin ou d'autres graines ; puis, lorsqu'elle est bien en chair, on la séquestre et on la nourrit au moyen d'une pâtée alimentaire semblable à celle qui sert à l'engraissement des poules.

Entretiens.

Quelles sont les races d'oies ? Quelle est la nourriture des oies ? Combien de pontes et de couvées font-elles par an ? Comment les engraisse-t-on ?

Les dindons.

Les dindons sont d'un élevage difficile Ils craignent le froid et l'humidité. Les dindons se mènent en troupeaux dans les champs, où ils se nourrissent d'herbes, de vers et de limaçons. Il faut les faire sortir après la rosée et les rentrer avant la fraîcheur.

On connaît trois races bien caractérisées de dindons :

les blancs, les gris, les noirs. Ces derniers sont plus rustiques et s'engraissent plus facilement On les engraisse à la manière des poules : on les séquestre et on les nourrit au moyen d'une pâtée.alimentaire ou d'une forte ration d'avoine, de maïs et d'autres grains.

Entretiens.

Comment se fait l'élevage des dindons ? Citez les trois races de dindons ? Comment les engraisse-t-on ?

Les pigeons.

Les pigeons possèdent beaucoup de genres. Le bizet est le plus économique. Il coûte peu à nourrir, cherche lui-même au loin sa nourriture. On le loge dans des trous séparés où il se plaît très bien, ou dans le colombier, qui doit être élevé et à l'abri des incursions des rats et des belettes. Des petites loges en planches permettent aux pigeons de faire un double nid, où la femelle couve souvent, pendant que le mâle nourrit les pigeons de la couvée précédente, ces oiseaux sont très féconds.

La fiente des pigeons et des poules est un bon engrais. On la délaie dans l'eau et on répand le liquide obtenu sur les plantes par un temps frais. Dans certains endroits, on fait sécher la colombine avec un peu de chaux vive et on l'emploie réduite en poudre.

Entretiens.

Quel est le pigeon le plus économique ? Comment loge-t-on les pigeons ? Que fait-on de la fiente des pigeons?

Le cygne.

Le cygne est un oiseau palmipède aquatique, au plumage ordinairement blanc, il appartient à la même famille que l'oie et le canard Le cygne glisse légèrement sur les eaux limpides en y réflétant l'éclatante neige de son duvet.

Comme l'oie, la femelle du cygne ne fait qu'une ponte par an. Aux petits, pendant leur première quinzaine, on donne une sorte de bouillie faite de farine délayée avec des herbes hachées, salade, laitier blanc, etc... Bien qu'il soit toujours un oiseau de luxe réservé pour le plaisir des yeux, le cygne est néanmoins utilisé pour l'industrie.

Son duvet sert à faire des manchons et son plumage complet des espèces de tapis.

Parlez du cygne ? La femelle fait-elle plus d'une ponte ? Que donne-t-on aux petits ? A quoi sert le duvet du cygne ?

Maladies de la volaille — Les maladies de la volaille sont la pépie, la diarrhée et la constipation.

La *pépie* est une pellicule blanche qui entoure la langue La fermière s'aperçoit vite de cette maladie, car les oiseaux ne mangent presque plus ; elle ôte la pellicule avec le bout d'une épingle.

La *diarrhée* provient d'une nourriture trop abondante de salades ou de végétaux tendres. On la guérit par la diète et la séquestration.

La *constipation* provient d'une nourriture excessive d'avoine. Une pâtée peu épaisse de son la guérit au bout de quelques jours.

Quels sont les maladies de la volaille ? Qu'est-ce que la pépie ? — De quoi provient la diarrhée ? — la constipation ? Comment guérit-on la pépie ? — la diarrhée ? — la constipation ?

Le lapin.

Le lapin ressemble beaucoup au lièvre ; il est seulement plus petit de taille et a les oreilles moins longues La femelle peut porter jusqu'à cinquante lapereaux par an.

Les lapins domestiques, dont les produits ne sont pas à dédaigner, doivent être placés dans un endroit appelé clapier, entouré de murs et où ils puissent prendre leurs ébats, ou bien dans une cabane assez spacieuse, propre et bien aérée.

Ils mangent des débris de légumes, des racines coupées, du grain et du fourrage vert ou sec.

Les herbes mouillées sont très nuisibles pour les lapereaux.

La litière des lapins doit être renouvelée une fois par mois au moins. Les affections vermineuses attaquent les lapins qui vivent dans l'humidité, dans la malpropreté.

On guérit la gale des lapins en frictionnant fortement

les malades avec du savon noir, en leur faisant prendre
un bain tiède, puis en couvrant les parties atteintes avec
de la pommade soufrée

Entretiens.

Combien la femelle du lapin peut-elle porter de lapereaux
par an ? Comment le clapier doit-il être tenu ? Quelle est la
nourriture des lapins ? Doit-on donner des herbes mouillées
aux lapereaux ? A quoi sont exposés les lapins qui vivent dans
la malpropreté ? Comment guérit-on la gale des lapins ?

XIX. — LES ARBRES FRUITIERS

Les principaux arbres fruitiers sont : le poirier, le
pommier, le néflier, le pêcher, l'abricotier, le noisetier,
le prunier, le cerisier, le châtaigner, le figuier, le noyer,
le groseillier, le framboisier, et la vigne.

Le poirier se greffe en général sur le poirier sauvage,
le poirier franc et le cognassier : avec les poires on fait
le poiré

Le pommier se greffe sur lui-même ; avec les pommes
on fait le cidre

Le néflier se greffe en fente près de terre.

Le pêcher se greffe toujours en écusson.

On peut retirer de l'huile des noisettes.

Le prunier se greffe sur lui-même. On le greffe ainsi
que le cerisier en fente ou en écusson.

Le châtaigner se multiplie de semence.

Le figuier se multiplie de bouture ou d'éclats de pied.
Le figuier, toutefois, ne convient pas à nos régions du nord.

On mange les noix ou l'on en fait de l'huile.

Le groseillier se multiplie de boutures ; ou mange ses
fruits ou on en fabrique des confitures, des sirops.

Le framboisier se multiplie de rejetons ; avec ses fruits,
on fait également d'excellentes confitures, des liqueurs
et des sirops.

La vigne se reproduit de boutures et de marcottes.

On doit tailler la plupart de ces arbres à la fin de
mars et enlever tout le bois mort. On ne taille les pêchers
et les abricotiers que lorsqu'on aperçoit les boutons

Nommez les principaux arbres fruitiers ? Comment se greffe
le poirier? — le pommier ? — le néflier ? — le pêcher? — le

prunier ? Comment se multiplie le châtaignier ? — le figuier?
— le noyer ? le groseillier? — le framboisier? A quelle époque
de l'année taille-t-on la plupart des arbres fruitiers ? Quand
faut-il tailler les pêchers et les abricotiers ?

De la greffe.

La greffe est un végétal vivant sur un autre et à ses
dépens. Il y a la greffe en **fente**, la greffe par **approche**
et la greffe en **écusson**.

Pour la première, on coupe bien net le sauvageon que
l'on fend dans le sens de la longueur. On introduit dans
cette fente le rameau de l'espèce que l'on veut multiplier,
on fait communiquer bien exactement les deux sèves et
on lie.

Pour la *greffe par approche*, on fait une entaille au
sujet et au rameau non détaché de l'arbre ; on fait communiquer bien exactement les deux plaies et on lie.
Quelque temps après on coupe la tête du sauvageon pour
augmenter la vigueur de la greffe. Après un temps donné
on détache le rameau au-dessous de l'incision.

Pour la *greffe en écusson*, on fait une incision en forme d'un T dans toute la largeur de l'écorce et on y introduit l'œil dormant, en automne, ou l'œil poussant, au
printemps.

La **marcotte** consiste à faire prendre des racines à
une branche qui tient à sa tige : il suffit de coucher une
branche en terre.

La **bouture** est une branche détachée d'un végétal et
que l'on plante pour lui faire produire des racines.

Entretiens.

Qu'est-ce que la greffe ? Combien y a-t-il de sortes de greffes ?
Comment pratique-t on la greffe en fente ? Comment greffe-
t-on par approche ? Comment pratique-t-on la greffe en écusson ? Qu'est-ce que la marcotte ? Qu'est-ce qu'une bouture ?

XX. — LES ABEILLES

Les abeilles sont originaires de la Grèce. Elles vivent
en colonies composées de dix à trente mille ouvrières, de
six à huit cent **mâles** ou **faux-bourdons** et d'une seule
femelle qui a reçu le nom de **reine**. Les abeilles ouvrières sortent de leur ruche dès le matin et vont d'abord

ramasser le pollen des fleurs pour construire leurs cellules hexagonales qui composent les gaufres, et dans lesquelles elles déposent leur miel délicieux.

Les abeilles recueillent le miel dans le calice des fleurs.

Elles se plaisent surtout dans les vallées bien arrosées. Les prairies artificielles, le sarazin, les plantes aromatiques leur fournissent une nourriture abondante. L'hiver on les nourrit avec un mélange de miel et de cassonade ou avec de la glucose.

La cire est faite avec les parois des cellules. Elle sert à divers usages : on en fait notamment les cierges.

Entretiens

Comment les abeilles vivent-elles ? Que font les abeilles ouvrières? — les faux-bourdons? — la reine ? Où recueillent-elles le miel? Où se plaisent-elles ? Quelles plantes leur fournissent une nourriture abondante ? Que fait-on avec les parois des gaufres que construisent les abeilles ? A quoi sert le miel ?

XXI. — L'ÉCONOMIE RURALE

L'*économie rurale* est l'art d'étudier la *valeur* des agents de la production agricole, d'organiser et d'administrer une culture.

L'*homme* agit comme agent physique, par sa *force*, comme agent moral, par son *honnêteté*, comme agent intelligent, par son *instruction*.

La *terre* est la propriété légitime de l'homme. La valeur de la terre varie avec sa fertilité et les débouchés.

Le *capital* est un produit économisé et consacré à la production. Dans la ferme, le capital consiste surtout dans les *instruments*, les *engrais*, et le *bétail*.

Le *faire-valoir direct* est cultivé par le propriétaire lui même ; *la ferme*, par un cultivateur qui paye le propriétaire en argent ; *la métairie*, par un cultivateur qui paye son propriétaire en produits.

Le cultivateur en quête d'une ferme doit porter son attention sur ses propres ressources et sur son aptitude personnelle, ainsi que sur l'étendue, la composition et les débouchés de l'exploitation.

L'*organisation* d'une culture consiste à la pourvoir des objets et du matériel utiles à son exploitation.

La *direction* d'une culture consiste à mettre en activité et à surveiller les différents agents de cette culture.

RAQUET.

Entretiens.

Qu'est-ce que l'économie rurale ? Quel est le rôle de l'homme dans l'économie agricole ? Qu'est-ce que la terre ? — le capital ? Quelle différence y a-t-il entre ces dénominations : faire-valoir direct, ferme, métairie ? Sur quels points principaux doit porter son attention le cultivateur en quête d'une ferme ? En quoi consistent l'organisation et la direction d'une culture ?

XXII. — LA COMPTABILITÉ

La comptabilité est l'art de tenir ses comptes, de faire l'état de ses recettes et de ses dépenses.

La comptabilité est si importante que l'on dit avec raison que « dix ans de comptabilité valent vingt ans de pratique. »

Le bon fermier a un livre-journal, ou mieux encore, un agenda de commerce où chaque jour il mentionne toutes les dépenses et toutes les recettes. Sa femme en fait autant pour tout ce qui a rapport à l'intérieur de la ferme.

Le dernier jour du mois, le fermier et la fermière font le total des dépenses et celui des recettes ; ils terminent ce travail par les observations et réflexions qu'ils jugent nécessaires.

Cet agenda est soigneusement conservé. Le fermier et la fermière y trouvent de sérieux enseignements et comparent leur situation mois par mois, année par année

Entretiens.

Qu'est-ce que la comptabilité ? La comptabilité est-elle importante ? Quelle doit être la comptabilité d'un bon fermier ?

XXIII — INSTITUTIONS AUXILIAIRES DE L'AGRICULTURE

Les **Sociétés d'agriculture** et les **Comices agricoles** sont des associations d'agriculteurs et de propriétaires dans les réunions desquelles se discutent en commun les meilleurs procédés de culture, d'élevage des bestiaux et toutes les questions intéressant l'agriculture.

Elles organisent annuellement des concours, où elles

distribuent des récompenses aux plus beaux produits et achètent une partie des objets ou animaux primés, à titre d'encouragement, et les revendent à perte à leurs sociétaires.

Depuis quelques années, l'Etat a fait de grands sacrifices pour l'agriculture. L'enseignement agricole, à tous les degrés, a été répandu à profusion.

Des écoles nationales d'agriculture sont installées à Grignon, à Montpellier, à Grand-Jouan ; elles forment des agriculteurs qui reçoivent, à leur sortie, le titre d'ingénieurs agronomes.

De nombreuses écoles pratiques d'agriculture donnant à la fois l'enseignement théorique et pratique ont été créées.

Celle du Pas-du-Calais est installée à Berthonval, commune de Mont-St-Eloi : on y reçoit les enfants dès l'âge de treize ans. La durée des études est de trois ans.

Chaque département a été pourvu d'un professeur départemental d'agriculture, qui fait des conférences agricoles et, avec le concours d'agriculteurs compétents, organise des champs de démonstration et d'expériences.

Les stations agronomiques sont des établissements où l'on analyse, à prix réduit, tous les produits concernant l'agriculture et où l'on renseigne les cultivateurs sur les meilleurs modes de culture.

Les assurances agricoles sont des actes par lesquels une compagnie s'engage à garantir l'assuré, moyennant le paiement d'une somme appelée prime, contre les résultats d'un accident ou d'un sinistre (incendie, grêle, maladie des bestiaux, etc.) Les primes, qui varient de 1 fr. 25 à 1 fr. 80 par 1,000 fr., se paient chaque année. Le contrat ainsi passé se nomme police.

Syndicats agricoles. — La loi du 21 mars 1884 autorise les cultivateurs et les ouvriers agricoles à s'associer pour défendre leurs intérêts, pour manifester des vœux donner plus de suite à ces vœux et soutenir leurs réclamations avec plus d'autorité.

Les syndicats agricoles instituent des offices dont les avantages sont très importants.

S'il s'agit d'acheter des semences, des engrais, des instruments et des machines agricoles, ces offices s'adressent directement aux producteurs.

S'il s'agit de ventes importantes, de fournitures de paille, de foin ou d'avoine, à faire à l'armée, les cultivateurs peuvent se syndiquer avant de soumissionner. Ils présentent ainsi plus de garantie et obtiennent de meilleures conditions.

Ne se servant pas d'intermédiaires qui retiendraient nécessairement une partie des bénéfices, les syndicats agricoles peuvent faire des acquisitions considérables et obtenir par là des conditions de prix et de crédit très avantageuses.

Entretiens.

Qu'est-ce qu'un comice agricole ? Où y a-t-il des écoles nationales d'agriculture ? Où y a-t-il une école pratique d'agriculture dans le département du Pas-de-Calais ? Que fait le professeur départemental d'agriculture ? Qu'est-ce qu'une station agronomique ? Que savez-vous des assurances agricoles ? Parlez des syndicats agricoles ?

XXIV. — LÉGISLATION RURALE

Animaux domestiques. — Le propriétaire d'un animal domestique est responsable du dommage que cet animal a causé. Celui à qui a été confié un animal domestique est également responsable du dommage que cet animal cause pendant qu'il est à son service.

Ceux qui laissent passer leurs bestiaux ou leurs bêtes de trait, de charge ou de monture sur le terrain d'autrui, sont punis d'une amende de 1 à 5 francs — Si le passage a lieu sur un terrain ensemencé ou chargé de récoltes, l'amende est de 6 à 10 francs.

Sont punis de la même amende ceux qui excitent ou ne retiennent pas leurs chiens qui attaquent ou poursuivent les passants.

Ceux qui font paître leurs bestiaux sur le terrain d'autrui sont punis d'une amende de 11 à 15 francs.

Ceux qui maltraitent publiquement et abusivement les animaux domestiques sont punis d'une amende de 5 à 15 francs et peuvent l'être de 1 à 5 jours d'emprisonnement. En cas de récidive, la peine de la prison est toujours appliquée.

L'empoisonnement d'animaux domestiques est puni d'une amende de 16 à 300 francs et d'un emprisonnement de 1 à 5 ans.

Arbres. — La distance à laquelle on peut planter des arbres, arbustes ou arbrisseaux, près d'une propriété voisine, est fixée par la loi à 2 mètres de la ligne qui sépare les deux propriétés, pour les arbres dont la hauteur a plus de 2 mètres et à 50 centimètres pour les autres plantations. — S'il existe des réglements particuliers ou des usages locaux, ce sont ces réglements et ces usages qui doivent être observés.

Les arbres de toute espèce peuvent être plantés en espaliers de chaque côté d'un mur mitoyen ; mais ces arbres ne doivent pas dépasser la crête du mur. Le propriétaire d'un mur non mitoyen a seul le droit d'y appuyer ses espaliers.

Le voisin peut faire arracher ou réduire à la hauteur voulue, les plantations faites à une distance moindre que la distance légale, à moins qu'il n'y ait titre contraire ou prescription trentenaire.

Celui sur la propriété duquel avancent les branches des arbres du voisin, peut obliger celui-ci à les couper.

Si ce sont les racines qui avancent sur sa propriété, il peut les y couper lui-même.

Celui qui abat ou mutile des arbres appartenant à autrui, de manière à les faire périr, est puni d'un emprisonnement de 6 jours au moins à 6 mois au plus, à raison de *chaque arbre*, sans que la peine puisse excéder 5 ans.

Pour la destruction d'une ou de plusieurs greffes, l'emprisonnement est de 6 jours à 2 mois, à raison de *chaque greffe*, sans que la peine puisse excéder 2 ans.

Bornage. — Tout propriétaire peut obliger son voisin au **bornage** de leurs propriétés contiguës. Le bornage se fait à frais communs.

Il est toujours préférable de borner à l'amiable.

Les bornes sont ordinairement des pierres plantées debout ; elles sont assistées de *garants* ou *témoins*, c'est-à-dire de tuiles ou de pierres plates cassées en deux ou trois morceaux que l'on place sous la borne.

Le déplacement ou la suppression des bornes est puni d'un emprisonnement d'un mois au moins et d'un an au plus, et d'une amende qui ne peut être inférieure à 50 fr.

Drainage. — La loi établit, en faveur du propriétaire qui veut drainer son terrain, la *servitude d'aqueduc*, jusqu'au cours d'eau le plus voisin, c'est-à-dire le droit de traverser les fonds intermédiaires pour conduire les eaux hors de sa propriété, mais moyennant une juste indemnité.

Une autre loi a autorisé le Crédit foncier à faire des prêts pour le drainage.

Échenillage — Les propriétaires, fermiers ou locataires sont tenus de *détruire* chaque année, à l'époque indiquée par arrêté préfectoral, les œufs et nids de chenille qui se trouvent sur leurs arbres et buissons. — Les contrevenants sont condamnés à une amende de 1 à 5 francs

Épizootie. — Maladie contagieuse qui frappe un grand nombre d'animaux à la fois. — Les propriétaires de bêtes atteintes de maladies contagieuses doivent en faire immédiatement la déclaration, sous peine de 16 à 200 fr d'amende et d'un emprisonnement de 6 jours à 2 mois, à la mairie, qui fait marquer ces bêtes de la lettre M (malade). — Les animaux marqués d'un M ne peuvent être vendus jusqu'à nouvel ordre, ni conduits dans les pâturages et abreuvoirs communs. — S'ils meurent, ils doivent être enfouis profondément, à une distance de 100 mètres de toute habitation. — Une bête abattue par ordre de l'autorité publique est payée à son propriétaire les trois quarts de sa valeur. — Lorsque l'épizootie a cessé, les bêtes signalées malades par un M sont marquées d'une contremarque qui annule la première.

Ceux qui, aux mépris des défenses de l'administration, auront laissé leurs animaux atteints de maladies contagieuses communiquer avec d'autres seront punis d'un emprisonnement de 2 mois à 6 mois.

Si de cette communication il résulte une contagion parmi les autres animaux, les contrevenants aux défenses de l'autorité seront punis d'un emprisonnement de deux à cinq ans et d'une amende de 100 à 1,000 fr., sans préjudice du recours que peuvent exercer contre eux les propriétaires des animaux atteints par la contagion.

Mitoyenneté. — Les murs, haies, fossés qui appartiennent en commun à deux ou plusieurs propriétaires sont dits *mitoyens*.

A défaut de titre prouvant le contraire, un *mur*, est réputé mitoyen lorsque son sommet est en forme de toit à deux pans. Si le pan n'existe que d'un côté, le mur appartient exclusivement à celui des deux propriétaires qui a ce pan incliné de son côté.

Une *haie* et les *arbres* qui s'y trouvent sont réputés mitoyen à moins que l'un des deux héritages n'ait pas de clôture ou qu'il n'y ait titre, prescription ou marque du contraire.

Un *fossé* est mitoyen lorsque la terre est rejetée également des deux côtés Si la terre n'est rejetée que d'un côté, le fossé est censé appartenir à celui du côté duquel le rejet se trouve.

Les *arbres* plantés sur la ligne séparative de deux héritages sont réputés mitoyens. Chaque propriétaire a droit d'exiger que les arbres mitoyens soient arrachés.

Le *mur*, la *haie* ou le *fossé* mitoyens sont entretenus à frais communs. Les deux propriétaires se partagent les produits soit de la haie mitoyenne (coupe, tonte ou fruits) soit du fossé mitoyen (poissons, arbres, buissons, herbes). Ils se partagent également par moitié les fruits des arbres mitoyens ou ces arbres eux-mêmes lorsqu'ils meurent ou lorsqu'ils sont coupés ou arrachés.

Tout propriétaire peut s'affranchir de l'entretien du mur, de la haie ou du fossé mitoyen en abandonnant son droit de mitoyenneté, sauf le cas, s'il s'agit d'un mur, où ce mur soutiendrait un bâtiment lui appartenant. De même, tout propriétaire a le droit d'acquérir la mitoyenneté d'un mur.

Mutation — Celui qui a acheté ou échangé un immeuble doit, dès l'année suivante, se rendre à la mairie du lieu où l'immeuble est situé pour donner au contrôleur les renseignements qui lui permettront de faire passer cet immeuble du nom de l'ancien à celui du nouveau propriétaire.

Passage (droit de) — Le propriétaire d'un fonds enclavé dans la propriété d'autrui et qui n'a, sur la voie publique, aucune issue ou une issue insuffisante, a le droit de réclamer un *passage* sur le fonds dans lequel il est enclavé.

Ce passage doit être pris du côté où le trajet est le

plus court jusqu'à la voie publique, à la condition toutefois que ce côté soit aussi le moins dommageable au propriétaire du fonds sur lequel est pris le passage

Celui qui réclame le passage doit à celui qui l'accorde une indemnité proportionnée au dommage causé.

En principe, les parcelles de terre sur lesquelles aboutissent d'autres parcelles doivent supporter le passage de la charrue et des animaux de labour des aboutissants.

Vices rédhibitoires.—On appelle *vices rédhibitoires* les défauts cachés qui rendent un animal domestique impropre à l'usage que l'acquéreur se proposait d'en faire et qui sont une cause de nullité de la vente.

Les vices rédhibitoires sont :

Pour le cheval, l'âne et le mulet :

La morve, le farcin, l'immobilité, l'emphysème pulmonaire, le cornage chronique, le tic proprement dit avec l'usure ou sans l'usure des dents, les boiteries anciennes intermittentes, la fluxion périodique des yeux.

Pour l'espèce ovine :

La clavelée. Cette maladie, reconnue chez un seul animal, entraine la rédhibition de tout le troupeau s'il porte la *marque du vendeur.*

Pour l'espèce porcine :

La ladrerie.

Loi Grammont (2 juillet 1850).

Seront punis d'une amende de 5 à 15 francs, et pourront l'être de 1 à 5 jours de prison, ceux qui auront exercé publiquement et abusivement des mauvais traitements envers les animaux domestiques.

La peine de la prison sera toujours appliquée en cas de récidive, en vertu de la l'article 483 du *Code pénal.*

Principaux actes tombant sous l'application de la loi Grammont.

Les coups violents répétés et manifestement abusifs. — Les blessures faites volontairement. — Le chargement ou le travail excessif. — La privation abusive de nourriture, d'air, de lumière ou de mouvement. — Les tentatives brutales pour faire relever les animaux tombés accidentellement ou ceux qui se sont abattus sous les fardeaux, sans prendre cette précaution, pourtant si simple, de les dételer .ou de les décharger. Le fait de les abandonner, à moins de cas fortuit ou de force majeure, sans secours sur la voie publique — Toute action qui a pour résultat de causer aux animaux des souffrances, des douleurs ou tourments, pour obtenir d'eux des efforts visiblement au-desssus de leurs forces. — L'entassement ou le mode vicieux de placement ou de suspension de veaux, moutons, volailles et autres animaux destinés au commerce et à l'alimentation publique, soit dans les voitures qui les transportent, soit dans les abattoirs, halles et marchés, toutes les fois qu'il en résulte des souffrances pour ces animaux. — Tous les jeux qui ont pour effet de causer une mutilation ou d'amener la mort des animaux. — Les procédés barbares qui prolongent l'agonie des animaux destinés à l'alimentation. — En un mot, selon la définition de la Cour de cassation : « Tous » mauvais traitements, qu'ils résultent soit d'actes directs » de violence ou de brutalité, soit de tous autres actes » volontaires de la part des coupables, *quand ces actes* » *ont pour résultats d'occasionner aux animaux des* » *souffrances que la nécessité ne justifie pas.* » Arrêts de cassation, 22 août 1857 et 13 août 1858.

2ᵉ PARTIE

LES AUXILIAIRES DU CULTIVATEUR

I. — LES MAMMIFÈRES UTILES

Le chien.

Le chien est un animal carnivore qui a été l'un des premiers à l'état de domesticité. On distingue trois familles principales de chiens : les mâtins, les épagneuls, les dogues.

Les *mâtins* sont grands, vigoureux, légers, ils sont précieux pour la garde. Les *épagneuls* sont couverts de poils longs et soyeux ; ils ont des qualités remarquables pour la chasse. Les *dogues* ont le museau raccourci, la tête grosse, les lèvres épaisses, les poils ras : ils montrent beaucoup d'intelligence pour la garde des troupeaux. Les chiens sont exposés à la terrible maladie de la rage, sur laquelle on commence à avoir depuis les derniers travaux de M. Pasteur des notions assez exactes.

Le chat.

Le chat commun est originaire de nos forêts d'Europe. Il ne diffère du lion, du tigre et de la panthère que par la taille : c'est un carnivore. Les chats n'ont pas d'affection pour ceux qui les nourrisent ; ils aiment plutôt la maison que le propriétaire.

Dans leur jeunesse, les chats sont gracieux, vifs et enjoués : l'âge les rend tristes et mélancoliques. Ces animaux sont d'une grande utilité dans les maisons pour détruire et chasser les rats, les souris et autres petits rongeurs qui s'y introduisent.

Les natures ingrates ou méchantes éprouvent seules du plaisir à maltraiter les chats.

Le hérisson.

Les piquants dont le hérisson est couvert ne sont autre chose que des poils, mais très gros, raides et pointus comme des aiguilles Mélangés avec d'autres poils fins, souples et soyeux, faisant office de fourrure, ils recouvrent toute la partie supérieure du corps. Quant à la partie inférieure. elle n'a que des poils soyeux ; sinon l'animal se blesserait lui-même en s'enroulant.

Le hérisson se nourrit avant tout d'insectes L'infime vermine est dédaignée comme trop petite pour lui ; mais une larve de hanneton est excellente capture. Si les vers blancs ne sont pas trop profondément situés, il fouille avec le museau et les pattes pour les déterrer. Toute la nuit il va rôdant, furetant et croquant de nombreux ennemis, sans porter préjudice appréciable. Pour satisfaire ses appétits gloutons, il paraît s'attaquer à toute espèce de proie indifféremment. Il mange même la vipère, sans nul souci de son venin. Enfants, ne tuez pas le hérisson.

Henri FABRE.

La chauve-souris.

La chauve-souris est un mammifère et non un oiseau ; ses ailes ne sont qu'une membrane peu épaisse, prolongement de la peau du ventre et du dos. La chauve-souris, d'un essor tortueux, va et vient infatigable, monte et descend, apparaît et disparaît, pique une tête d'ici pique une tête de là, et chaque fois happe au vol un insecte aussitôt broyé, aussitôt englouti dans une bouche fendue d'une oreille à l'autre Et tant que le permettent les lueurs mourantes du soir, l'ardent chasseur poursuit son œuvre d'extermination.

La chauve-souris ne se nourrit absolument que d'insectes Tous lui sont bons : maigres cousins, papillons du soir surtout, les ravageurs de nos récoltes céréales, de nos vignes, de nos arbres fruitiers, de nos étoffes de laine qui, attirés par la clarté, viennent le soir se brûler les ailes aux lampes de nos habitations. Qui pourrait dire le nombre d'insectes que les chauves-souris détruisent ? Le gibier est si petit et la faim du chasseur est insatiable.

La chauve-souris est très utile, il ne faut pas la détuire.

Henri FABRE.

La taupe.

La taupe qui vit sous terre, de quoi se nourrit-elle ? De toute sorte de menu gibier : scarabées, larves, chenilles, chrysalides, vers et autres rongeurs hantant le sol. De plus, l'animal est doué d'un famélique appétit, d'une rage d'estomac qui, dans les douze heures, exige une quantité de nourriture presque équivalente au poids de la bête. L'animal se meurt d'inanition pour quelques heures d'abstinence.

Pour faire taire les angoisses de cet estomac où les aliments ne font que passer, aussitôt fondus, disparus, sur quoi peut compter la bête ? Sur les larves qui vivent dans la terre, et en premier lieu sur les larves du hanneton. C'est petit pour une telle faim, mais le nombre supplée à la taille. Alors quelle extermination de vers blancs la taupe ne doit-elle pas faire quand le sol abonde de ce gibier ? Pour expurger un champ de ces redoutables ravageurs, aucun animal ne vaut la taupe.

Il est fâcheux que la taupe soit obligée de fouiller entre les racines où le gibier habite ; ses galeries portent préjudice. — Henri FABRE.

La musaraigne.

Un autre animal insectivore, qui mérite notre protection, c'est la *musaraigne*. Cette petite bête a la taille et la forme d'une souris, mais son museau est bien plus allongé et plus fin. Elle est pourvue de dents bien tranchantes. Ses oreilles sont courtes et peu apparentes Le poil très doux et très fin est de couleur brun grisâtre, blanchâtre seulement sous le ventre La musaraigne habite dans des trous de murailles ou dans des arbres creux; elle se retire dans cet abri pendant la chaleur du jour. C'est le soir de préférence qu'elle fait sa chasse. Elle n'a pas la prestesse de la souris ; sa démarche est lente et inquiète : elle va flairant, tâtonnant du bout de son long museau La musaraigne nous rend de bons services en détruisant un grand nombre d'insectes nuisibles : limaces, escargots. Deux espèces sont communes dans nos champs : la musaraigne d'eau, qui habite les prairies humides, nage et plonge avec beaucoup d'agilité ; et la musaraigne des sables, souvent appelée musaraigne musette, qui se tient dans les lieux secs. — Ch. DELON.

Entretiens.

Quelles sont les principales familles de chiens ? Quels services nous rendent les mâtins ? — les épagneuls ? — les dogues ? A quelle terrible maladie les chiens sont-ils exposés ?

Quel est le caractère du chat ? Quels services nous rend le chat ? Doit-on maltraiter les chats ?

Qu'est-ce que le hérisson ? De quoi se nourrit-il.

Qu'est-ce que la chauve-souris ? De quoi se nourrit-elle ?

Où la taupe vit-elle ? Que mange-t-elle ? Fait-elle quelque dégât ?

Qu'est-ce que la musaraigne ? Où habite-t-elle ? Quels services rend-elle à l'agriculture ?

II. — LES BATRACIENS UTILES

Le crapaud.

Le crapaud est un animal fort inoffensif. C'est un auxiliaire de grand mérite, un glouton avaleur de limaces, de scarabées, de larves et de toute vermine. Discrètement retiré le jour sous la fraîcheur d'une pierre, dans quelque trou obscur, il quitte sa retraite à la tombée de la nuit pour aller faire sa ronde, en se traînant, cahin-caha, sur son gros ventre.

Voici une limace qui se hâte vers les laitues ; voici une courtillière qui bruit sur le seuil de son terrier ; voici un hanneton qui met ses œufs en terre. Le crapaud vient tout doucement, il ouvre une gueule semblable à l'entrée d'un four, et en trois bouchées les engloutit tous les trois avec un claquement de gosier, signe de satisfaction. Ah ! que c'est bon ! A d'autres s'il y en a !

La ronde continue. Quand elle est finie, au petit jour, je vous laisse à penser ce que doit contenir en vermine de toute sorte le spacieux ventre du glouton. Et l'on détruit la précieuse bête : on la tue à coups de pierre sous prétexte de laideur ! Enfants, vous ne commettrez jamais pareille cruauté, sottement nuisible ; vous ne lapiderez pas le crapaud, car vous priveriez les champs d'un vigilant gardien. Laissez-le faire en paix son métier ; il dévorera tant d'insectes, de limaces et de vers, que vous finirez par le trouver moins laid. — Henri FABRE.

(Extrait du *Maître Paul*).

La grenouille.

La grenouille est un amphibien. Sur la terre, elle saute très bien ; dans l'eau, elle nage et plonge avec aisance.

Elle ne se nourrit que de proie vivante et remuante, d'insectes aquatiques, de vers, de petits mollusques.

A l'approche de l'hiver la grenouille cesse de manger, s'enfonce dans la vase et y passe tout l'hiver dans un engourdissement profond. Elle ne se réveille qu'au printemps.

La salamandre.

C'est aussi un chasseur infatigable toujours en quête d'insectes, de limaces et de larves de toutes sortes.

Entretiens.

Quels sont les batraciens utiles à l'agriculture ? Parlez du crapaud ? — Où se retire-t-il le jour ? Que fait-il à la tombée de la nuit ? Que mange-t-il ? Doit-on tuer le crapaud ?

Où vit la grenouille ? De quoi se nourrit-elle ? Où passe-t-elle l'hiver ?

Parlez de la salamandre ?

III. — LES OISEAUX UTILES

Le hibou, la chouette, l'effraie.

Les hiboux inspirent à l'homme une répugnance instinctive. Ils restent blottis pendant le jour dans le trou des rochers, dans des tours en ruine, dans des masures abandonnées, parce qu'ils ne sauraient supporter l'éclat de la lumière solaire. Ils ne sortent de leur retraite qu'à la tombée de la nuit pour se mettre en quête de leur proie. Leur bec crochu, leurs serres acérées sont des armes terribles.

Ils se nourrissent de rats, souris, mulots, taupes, de petits reptiles ravageurs de nos récoltes.

La *chouette* et l'*effraie* sont comme le hibou des oiseaux voraces et carnassiers ; ils font la chasse aux rongeurs et en détruisent une quantité innombrable. C'est un sot préjugé que de les considérer comme des oiseaux de malheur, et c'est un acte coupable de les clouer aux portes quand par hasard on les saisit.

Ces oiseaux de nuit sont de grands destructeurs d'animaux nuisibles, protégeons-les.

Le geai.

Le geai est un oiseau de la famille des corbeaux ; il a un bec épais et court, recourbé et denté à la pointe. Sa tête est surmontée d'une huppe érectile, son plumage est mélangé de bleu ciel et de noir sur les ailes.

Le geai se construit un nid plat avec du chiendent et des racines fines; la femelle y pond six œufs gros comme ceux de la tourterelle. On le trouve dans les taillis, sur les lisières des grands bois, dans les vergers.

Il se nourrit de glands, de noisettes, de baies, de chenilles, de chrysalides, de vers, d'insectes de toute espèce.

Il fait cependant quelques dégâts aux récoltes de pois et fèves qui sont près des bois.

Le pinson.

Le pinson est un oiseau de l'ordre des passereaux représenté chez nous par trois espèces, dont l'une est le pinson ordinaire.

Les pinsons ont un bec conique, vigoureux et court, des ailes rondes qui leur donnent un vol peu soutenu, et une queue fourchue.

Ils vivent en troupe dans les bois, les vergers et les jardins. Adultes, ils ne se nourrissent que de graines et détruisent ainsi beaucoup de plantes nuisibles, mais ils alimentent leurs petits de papillons, de chenilles et d'un nombre incalculable d'insectes. Leurs nids sont faits de mousse, de crins et artistement travaillés. Enfants, les pinsons sont les amis du cultivateur, les gardiens de nos récoltes ; aimez-les, protégez-les.

L'hirondelle et l'alouette.

L'hirondelle est un oiseau exclusivement insectivore, elle ne touche pas à un grain de blé ou de millet, pas à un fruit ; elle détruit par milliers mouches, guêpes, cousins, grillons, taons et autres insectes incommodes, tourment de nos bestiaux ou ennemis de nos récoltes.

L'hirondelle est d'une grande utilité.

Rapide, infatigable, tout le jour elle fait sa chasse,

une chasse acharnée d'insectes ailés dont elle se nourrit.

L'*alouette* est un oiseau de la grosseur du pinson ; son corps est un peu plus allongé

C'est un oiseau utile. L'alouette se nourrit de vers, de chrysalides, de pucerons, de graines des mauvaises herbes.

C'est aussi un oiseau chanteur qui nous annonce un des premiers le printemps.

L'alouette forme le petit gibier ; on livre ces oiseaux à la consomma·ion sous le nom de mauviettes.

La fauvette et le traquet.

La *fauvette* détruit une quantité énorme de vers de chenilles, de sauterelles, de pucerons, de charançons ; aussi peut-on la considérer, à juste titre, comme un précieux auxiliaire pour l'agriculture.

Le *traquet* est un oiseau utile qui ressemble beaucoup au merle mais il est plus petit. Il se nourrit de grosses chenilles, de larves, de vers blancs, de chrysalides.

Le pic.

Le pic se procure les insectes dont il fait sa nourriture, tantôt en frappant la terre avec son bec, pour en faire sortir ceux qui s'y cachent, tantôt en fouillant les mousses et les déchirures des écorces, pour en extraire les œufs et les larves qu'elles recèlent.

Doué de l'ouïe la plus subtile, le pic découvre, en appliquant l'oreille sur l'écorce. Aussitôt il se met à l'œuvre et fait avec son bec une brèche circulaire dans la place ; de temps en temps, il se porte du côté opposé, et frappe à coups redoublés, afin de faire descendre ou sortir les vers ; puis il revient promptement devant l'ouverture pour saisir sa proie.

Les mésanges et le troglodyte.

Les *mésanges* sont de petits oiseaux vifs, toujours en action qui voltigent d'arbre en arbre, en visitant soigneusement les branches, se suspendent à l'extrémité des plus faibles rameaux, s'y maintiennent dans toutes les positions, visitent les bourgeons véreux qu'ils ouvrent pour en extraire la vermine et les œufs.

On calcule qu'une mésange consomme par an trois cent mille œufs d'insectes.

Le *troglodyte* est le plus petit de nos oiseaux. Il rode autour de nos habitations, il circule dans les fagots, il visite les trous des murs, il pénètre dans le plus épais des buissons Le troglodyte se nourrit d'une quantité prodigieuse de vers, cousins, petits papillons, chenilles, etc.

Le chardonneret et le rouge-gorge.

Le *chardonneret* est un gracieux petit oiseau à tête rouge portant le nom de la plante, le chardon, qui le nourrit de ses semences. Il construit son nid dans l'enfourchure de quelque branche flexible. Le chardonneret est un oiseau utile

Le *rouge gorge* est un oiseau insectivore. L'agriculture n'a pas de meilleurs défenseurs contre les ravages de la vermine que ces petits oiseaux à bec fin, passionnés consommateurs de larves et d'insectes.

Le rouge-gorge visite les haies, les buissons, les tas de fagots et y dévore la vermine qui s'y réfugie, il guette les vers et les larves et en détruit un nombre incalculable.

Le loriot et le coucou.

Le *loriot* et le *coucou* sont des oiseaux d'une grande utilité. Ils se nourrissent de vers blancs, de chenilles processionnaires, sortes de chenilles velues que beaucoup d'insectivores n'osent toucher à cause de leurs poils. Ils se nourrissent d'un nombre incalculable de *bostriches*, les ravageurs de nos bois.

On raconte qu'en 1847, une grande forêt de sapins, en Poméranie, souffrait tellement des attaques des bostriches, qu'elle commençait déjà à se dessécher, lorsque, tout à coup, elle fut sauvée par une bande de coucous, qui, quoique déjà en migration, s'établirent dans la forêt et, en quelques semaines, nettoyèrent si bien les arbres, que, l'année suivante, le mal ne se renouvela pas.

Le merle et le sansonnet.

Le merle est un grand destructeur de larves, de vers blancs, de chrysalides, de chenilles processionnaires.

Il habite les taillis, les broussailles, les lisières des bois, où il fait une chasse très active aux ennemis de nos récoltes.

C'est un oiseau de grand mérite.

Le *sansonnet* commun ou étourneau doit être respecté des cultivateurs car il se nourrit d'insectes, de larves, de vers, de petits mollusques. C'est une grande erreur de croire qu'il suce les œufs des pigeons. Il nous débarrasse d'une foule d'insectes nuisibles ; c'est ainsi qu'il suit les troupeaux dans les prairies, picore le dos des bœufs et des moutons, et leur enlève la vermine qui les ronge ainsi que les mouches qui les tourmentent.

La bergeronnette, la lavandière et le verdier.

La *bergeronnette* suit les troupeaux aux champs pour dévorer les insectes malfaisants qui tourmentent les bestiaux.

La *lavandière*, ainsi nommée parce qu'elle se plaît au bord des ruisseaux, détruit une foule de moucherons, vers et chrysalides.

Le *verdier* est un ardent destructeur de chenilles, pucerons et toute espèce de vermine.

Entretiens.

Quels sont les oiseaux nocturnes utiles ? Quels services rendent aux fermiers le hibou, la chouette et l'effraie ? — De quoi se nourrit le geai ? Ne fait-il pas quelques dégâts ? Que détruisent principalement les pinsons ? Quelle est l'utilité de l'hirondelle ? — de l'alouette ? — de la fauvette ? du traquet ? — du pic ? — des mésanges ? — du troglodyte ? — du chardonneret ? — du rouge-gorge ? — du loriot ? — du coucou ? — du merle ? — du sansonnet ? — de la bergeronnette ? — de la lavandière ? — du verdier ?

Devons-nous aimer les oiseaux ? Pourquoi devons-nous les respecter ?

IV. — LES INSECTES UTILES

Les **coccinelles** sont très utiles parce qu'elles font la chasse aux pucerons ; elles débarrassent ainsi nos légumes et nos fleurs des suceurs acharnés qui les épuisent.

Le **carabe** doré est un fougueux giboyeur. Il y en a de bronzés, de dorés, de noirs ; tous inspectent assidûment les fourrés d'herbages et chassent la petite proie : larves, chenilles, vermisseaux. Le plus commun est d'un vert doré uniforme et fréquente les jardins, où il fait la guerre à toute espèce de vermine. C'est le petit garde-champêtre de nos carrés de légumes et de nos plates-bandes de fleurs.

Les **libellules** happent au passage des milliers de petits insectes, de pucerons, de vermine à peine visibles qui se trouvent sur les feuilles et les rongent insensiblement.

Le **fourmi-lion** est une sorte de libellule. C'est à l'état de larve qu'il détruit le plus d'insectes nuisibles à l'agriculture en attirant les petits insectes dans une fosse qu'elle habite au milieu du sable.

Les **cicindèles** se nourrissent de chenilles et de vers blancs.

Les **calosomes** ressemblent aux carabes. Leurs larves élisent domicile dans le nid des chenilles processionnaires dont elles font un véritable carnage.

Les harpales, les **bombardiers** détruisent les forficules ou perce-oreilles, les hannetons, les chenilles, les limaces, etc... Ils sont secondés dans cette œuvre de destruction par les **téléphores**, par les **lampyres** ou vers luisants et par les **staphylins**.

Les **ichneumons** sont d'ardents destructeurs de chenilles. A l'aide d'une longue tarière qu'ils portent au bout de leur abdomen, ils pondent leurs œufs à l'intérieur du corps des chenilles ; les jeunes larves dévorent peu à peu leur hôte et lui donnent la mort au moment de se transformer en chrysalides.

La **mante-religieuse**, les **punaises aquatiques**, les **araignées** et les **mille-pattes** sont également très utiles. Le cultivateur n'a guère d'auxiliaires plus empressés.

Entretiens.

Que font les coccinelles ? Quelle est l'utilité du carabe doré ? De quels insectes se nourrissent les libellules ? Que détruit le fourmi-lion à l'état de larve? De quoi se nourrissent les cicindèles ? Où élisent domicile les larves des calosomes? Que font les harpales et les bombardiers ? — les ichneumons ? — la mante religieuse, les punaises aquatiques, les araignées et les mille-pattes ?

V. — LES REPTILES UTILES

Le lézard.

Le lézard se loge à l'exposition du midi, soit dans un terrier qu'il se creuse lui-même dans une terre légère ou dans le sable, soit dans quelque crevasse d'un vieux mur. C'est au fond de cette retraite qu'il s'endort pendant la mauvaise saison.

Le lézard est carnassier et se nourrit de proie vivante consistant en insectes, en araignées, en vers de terre et petits mollusques.

La couleuvre.

La couleuvre se nourrit de rongeurs de petite taille tels que rats et mulots, de mollusques, d'insectes. En dépit d'un préjugé trop universellement répandu, ce sont des animaux non seulement inoffensifs mais encore très utiles et qui débarrassent nos campagnes d'une foule d'êtres nuisibles.

L'orvet.

L'orvet est un petit serpent, non venimeux qui fait une guerre acharnée aux mollusques et aux insectes malfaisants.

Enfants, le lézard, la couleuvre et l'orvet détruisent nos ennemis, protégeons les.

Entretiens.

Quels sont les reptiles utiles ? Où loge le lézard? De quoi se nourrit-il ? Quelle est l'utilité de la couleuvre ? Qu'est-ce que l'orvet ? A quels animaux fait-il la guerre ? Doit-on protéger le lézard, la couleuvre et l'orvet ?

LES ENNEMIS DU CULTIVATEUR

I. — MAMMIFÈRES NUISIBLES

Le renard.

Le *renard* est une bête sauvage et nocturne. A la tombée de la nuit il sort de son terrier, il se glisse sans bruit, cherchant à surprendre quelque proie endormie. Il guette les lièvres aux champs, les lapins dans les bois, les cailles et les perdrix dans les sillons, les poulets, les oies et les canards jusque dans les poulaillers et les cours des fermes

La belette.

La *belette* est un animal destructeur. La nuit, elle rode autour des fermes ; malheur aux lapins, aux poulets, aux pigeons si elle peut pénétrer jusqu'à eux. La belette égorge tout ce qu'elle peut atteindre puis s'enfuit, emportant une proie, laissant là le reste.

Le putois.

C'est un animal nocturne qui aime le voisinage des habitations. En été, il se loge dans les trous des rochers ou dans les vieux troncs d'arbres ; en hiver, au contraire, il se réfugie dans nos granges.

Le **putois** est détesté des fermiers à cause des ravages qu'il fait dans les poulaillers.

Sa fourrure est assez recherchée.

La fouine.

La *fouine* se rencontre dans les forêts ; mais elle loge de préférence dans les vieilles masures, dans les greniers délaissés, sous des tas de pierres ou de bois. Elle ne sort que la nuit de sa retraite pour donner satisfaction à ses appétits sanguinaires. Elle cherche surtout à s'introduire dans les poulaillers et les colombiers dont elle étrangle les habitants pour en sucer le sang. A défaut de volailles, les fouines se nourrissent de petits mammifères, d'œufs, d'insectes, de miel et même de fruits.

Les rats.

Les *rats* se glissent dans nos demeures ; farouches et défiants, ils habitent les lieux sombres, les caves, les greniers, les granges des fermes ; ils se cachent dans les trous des murailles, dans les canaux et les égouts. l es rats sont extrêmement voraces ; ils rongent tout, mais ils préfèrent de beaucoup les grains. la farine, le pain, les noix, les fruits, les légumes, le fromage, la viande ; enfin tous nos aliments.

Les souris.

Les *souris* sont des animaux très incommodes et très nuisibles. Elles vivent dans nos maisons, se logent dans les vides des planchers et des cloisons, dans les meubles même. Les souris dévorent provisions, vêtements et papiers.

Les mulots.

Les *mulots* vivent aux champs, dans les lieux secs ; ils se creusent sous terre un trou peu profond, où le jour ils se retirent. Industrieux et prévoyants, ils creusent auprès de leur terrier d'autres trous plus vastes qui sont leurs magasins ; là, pendant l'été, ils entassent à loisir, grains et racines, châtaignes, faines, glands, noisettes. Au printemps, la femelle élève une famille vorace de sept ou huit petits qui grandissent rapidement, et bientôt vont, avec père et mère, piller nos champs et nos vergers.

Les campagnols

Les *campagnols* ont à peu près la taille du rat. Ils creusent leurs terriers dans les champs Ils sont voraces, pillards, extrêmement nuisibles ; légumes, laitues, racines, grains, tout leur est bon ; mais ils sont surtout gourmands de blé et d'orge.

Les rats des moissons, les loirs et les lérots.

Les *rats* des moissons font un charmant petit nid d'herbes entrelacées. Ils vivent de grains et de fruits.

Les *loirs* et les *lérots* habitent les bois où ils vivent de faines, de noisettes, de châtaignes ; mais ils fréquentent aussi nos jardins, pour ronger nos fruits : ils dévastent les espaliers.

Les loutres.

Les *loutres* sont très voraces ; elles causent de grands dommages en détruisant le poisson dans les étangs et les rivières.

Entretiens.

Qu'est-ce que le renard ? Où habite-t-il ? Que fait-il à la tombée de la nuit ? De quoi se nourrit-il ? Quels ravages fait la belette ? — le putois ? — la fouine ? — les rats ? — les souris ? Où vivent les mulots ? Quels dégâts font-ils ? Quels ravages font les campagnols ? — les rats des moissons ? — les loirs ? — les lérots ?. — les loutres ? Comment l'homme fait-il pour se débarrasser de ces mammifères nuisibles ?

II. – LES OISEAUX NUISIBLES

La pie.

La pie, au joli plumage mêlé de blanc et de noir est un oiseau intelligent, défiant, rusé, leste et vif, babillard et moqueur ; pillard autant que possible. Au printemps elle fait sur les arbres les plus élevés un nid de brindilles et menues branches fort soigneusement disposé.

La pie aussi fait sa proie de petits rongeurs et d'autres insectes : mais son plus grand crime c'est de ravager les nids de nos petits amis les pinsons, les mésanges, les fauvettes, etc..., elle perce et suce leurs œufs ou dévore les petits.

C'est donc un animal qu'il ne faut pas craindre de détruire.

Le corbeau et le ramier.

Le corbeau se nourrit de vers et de chairs corrompues qui pourraient infecter l'air.

Mais quels dégâts ne fait-il pas lors des semailles ! Au printemps il suce les œufs des petits oiseaux et porte les jeunes couvées à ses petits.

Le ramier est un gros pigeon sauvage d'un plumage gris bleuâtre avec un petit croissant blanc de chaque côté du cou ; il séjourne dans les taillis ou sur les lisières des forêts et est très nuisible aux cultures dont il dévore les graines.

Le milan, l'épervier et la buse.

Ces oiseaux de proie sont destructeurs et cruels, très nuisibles, et malheureusement communs dans nos pays. Ils font leur proie de canetons, de poussins, surtout de pigeons, qu'ils guettent autour des pigeonniers.

Le hobereau et l'émerillon.

Le hobereau appartient au genre faucon. Il s'attaque surtout aux alouettes et aux gentilles hirondelles.

L'émerillon, bien plus petit puisqu'il a la taille d'une grive à peine, est tout aussi féroce à proportion de sa taille.

A tous ces « brigands des airs » il faut faire une guerre acharnée.

Entretiens.

Nommez les oiseaux nuisibles? Pourquoi faut-il détruire la pie ? — le corbeau ? — le ramier ? — le milan ? — l'épervier ? — la buse ? — le hobereau ? — l'émerillon ? Tous ces oiseaux sont-ils du même genre ? Quels sont les oiseaux de proie ? Comment peut-on détruire les oiseaux nuisibles?

III. — LES INSECTES NUISIBLES

Les hannetons.

Les hannetons sont certainement les insectes les plus nuisibles que l'on connaisse: à l'état parfait, ils dévorent les forêts ; à l'état de larves, ils mangent les racines des plantes. Les larves, que l'on nomme *vers blancs*, éclosent environ six semaines après que les œufs ont été pondus par les hannetons sur la terre. Elles y entrent aussitôt pour grossir et vivre là trois ans. Elles restent à la surface de la terre et mangent toutes les racines qu'elles peuvent rencontrer, ce qui fait mourir les plantes. Dès que le froid se fait sentir, les vers blancs s'enfoncent profondément dans la terre et s'engourdissent jusqu'au printemps, où ils remontent et recommencent leurs ravages.

A l'automne de la troisième année, le ver blanc sent qu'il va se métamorphoser ; alors il descend en terre jusqu'à un mètre de profondeur; il se creuse là une petite chambre, et, pendant l'hiver, il devient une nymphe molle, blanchâtre, sur laquelle on distingue déjà les membres de l'insecte parfait. Cette nymphe durcit peu à peu et devient brune Au mois de février la seconde métamorphose a lieu ; la nymphe se transforme en hanneton, mais l'insecte est encore mou et il ne sort de terre qu'au mois de mai.

Les hannetons sont très nuisibles, il faut les détruire.

Le charançon.

Le charançon est un petit insecte gris qui pond chacun de ses œufs dans la rainure d'un grain de blé. L'œuf y éclot et le petit ver s'introduit dans le grain qu'il dévore et ne quitte qu'après l'avoir vidé. Un grenier bien ventilé, des vannages, des criblages, des remuements fréquents à la pelle sont autant de moyens de le détruire ; mais il faut que le bon entretien des murs, des planchers et des plafonds ne lui laisse aucune retraite.

L'altise.

L'altise, ou puce de terre, s'attaque aux feuilles du colza, aux jeunes plants de choux ainsi qu'aux navets et aux radis qui lèvent.

Le tourteau de cameline éloigne l'altise.

Le sylphe de la betterave.

Le sylphe obscur a sa larve luisante d'une assez grande ressemblance avec le cloporte. L'insecte parfait est d'un noir sale ; il ressemble au hanneton mais il est plus petit. La larve mange les feuilles des petites betteraves et fait ainsi mourir les plantes. L'insecte parfait se nourrit également des feuilles de betteraves mais ses dégâts sont insignifiants.

Le sulfure de carbone, additionné d'eau, détruit le sylphe sans faire tort aux betteraves.

La cétoine.

La cétoine appartient à un genre d'insectes coléoptères trapus, dont deux espèces, l'une d'un vert doré et l'autre noire, sont très nuisibles aux arbres fruitiers Elles rendent les étamines stériles et mangent les fruits.

Le taupin.

Les principales espèces sont le *taupin des moissons*, dont la larve ronge les racines des céréales, et le *taupin gris de souris*, dont la larve attaque les racines des arbres fruitiers.

Les chrysomèles.

Les chrysomèles rouges à corselet bronzé sont funestes aux jeunes plantations de peupliers, de trembles, d'aulnes et de bouleaux, en détruisant à l'état d'adultes et de larves le tissu des feuilles et ne laissant que des feuilles disséquées.

Les criocères.

Les larves des criocères rejettent leurs excréments sur le dos de manière à se couvrir d'un enduit humide qui empêche la dessication de leur corps.

Il y a les criocères rouges qui dévorent les feuilles du lis, et les criocères qui sont très nuisibles aux plants d'asperges cultivés pour graines.

Il faut secouer le matin les tiges et écraser les larves et les adultes.

Les capricornes.

Les *capricornes* creusent leurs galeries dans les pommiers, les cerisiers, les groseilliers et les chênes. Il convient d'écraser les adultes lorsqu'ils apparaissent en juin et juillet. Quant aux larves, on ne peut guère les atteindre ; mais on doit respecter les ichneumons qui sont leurs ennemis naturels.

Les papillons.

Les papillons sont des insectes ailés sortis de chrysalides. Leur corps se divise en trois parties : la tête, le corselet, l'abdomen. Les papillons voltigent de fleurs en fleurs et prennent leur nourriture dans le calice de celles-ci.

Ils sont nuisibles parce qu'ils pondent une assez grande quantité d'œufs d'où sortent les malfaisantes chenilles.

Les papillons du chou ainsi que les piérides vont pondre sur les légumes, sur les choux principalement, de vingt à quarante œufs. De ces œufs sortent des chenilles qui pénètrent jusqu'au cœur du chou et le rendent tout à fait impropre pour les besoins de la cuisine.

Les papillons des peupliers, que les naturalistes appellent *Liparis salicis*, pondent une grande quantité d'œufs sur le tronc des arbres. Les chenilles qui en éclosent font de grands dégâts. En quelques jours, les arbres sont dépourvus de leurs feuilles.

Les chenilles.

Un papillon, le *Gazé*, produit des chenilles très nuisibles aux haies, à divers arbustes de jardin et à tous les arbres fruitiers ; elles passent l'hiver en société, sous des toiles, au bout des branches, avec des feuilles sèches emprisonnées.

Aux premiers beaux jours, alors que les arbres ont développé leurs feuilles, les œufs éclosent, les chenilles percent leur enveloppe, s'attaquent aux feuilles et les dévorent. Leur vitalité est exceptionnelle.

Ces chenilles sont les plus nuisibles ; aussi est-il d'une grande importance de pratiquer l'échenillage avec soin.

Moyen de destruction. — Le meilleur moyen de destruction est le pétrole. Il est peu coûteux, d'une application facile et ne nuit pas aux arbres. En projetant du pétrole en pluie très fine à l'aide d'un pulvérisateur sur le feuillage des arbres, les chenilles tombent inanimées ; la mort ne survient que vingt-quatre à trente-six heures après, mais les chenilles sont dès lors dans l'impossibilité de nuire. Le résultat pratique est atteint.

Les alucites.

Les alucites sont de petits papillons nocturnes de la tribu des teignes, de couleur café au lait, dont les chenilles dévorent les grains de blé à la manière des charançons On tue ces chenilles en exposant le blé aux vapeurs du sulfure de carbone.

Les punaises.

La *punaise noire*, présentant quatre taches blanches, est très nuisible aux légumes et aux jeunes pousses des arbres fruitiers.

La *punaise des légumes*, d'un bleu bronzé avec taches rouges ou blanches, fait périr les feuilles des crucifères.

La *punaise des choux*, noire et rouge, à odeur très infecte, crible les choux de piqûres.

De fréquents arrosages d'eau additionnée d'un peu de pétrole éloignent les punaises.

Les cochenilles.

Les cochenilles passent la plus grande partie de leur vie entièrement immobiles, étroitement appliquées contre les tiges et les branches des végétaux dont elles se nourrissent. Leurs pattes, demesurément petites, ne leur servent que pour se cramponner à la plante.

On les détruit au moyen de brosses ou de chiffons que l'on passe autour des branches infectées.

Les pucerons.

Les pucerons sont de très petits insectes qui se multiplient avec une rapidité effrayante. Il y en a une foule d'espèces dont chacune est spéciale à un arbre fruitier ou autre, à une plante. Les pucerons s'attachent aux feuilles ou aux jeunes tiges, épuisent leur sève en produisant des nodosités, des bosselures et même des galles. Presque tous les pucerons émettent un liquide sucré dont les fourmis sont très friandes. On détruit les pucerons en coupant et brûlant en janvier et février les bouts des branches où ils ont déposé leurs œufs, en aspergeant les végétaux d'eau de chaux phéniquée ou en les badigeonnant d'un lait de chaux mêlé d'acide phénique. Les pucerons les plus nuisibles sont : le *puceron lanigère*, d'un rouge lie de vin, qui attaque les pommiers et qui, couvert d'un abondant duvet cireux imperméable, est très difficile à détruire. Les lotions au sulfate de cuivre, à l'alcool ou à l'esprit-de-vin sont les plus efficaces contre cet insecte.

Les fourmis.

Les fourmis sont surtout nuisibles par leur nombre dans les jardins fruitiers. Elles attaquent les plus beaux fruits au moment de la maturité ; elles pénètrent dans les maisons et communiquent une odeur détestable à tout ce qu'elles touchent.

Pour les détruire, on verse dans la fourmilière quelques litres d'eau bouillante mêlée d'un peu d'huile à brûler.

Les guêpes.

Les guêpes attaquent les fruits aussitôt qu'ils sont mûrs, mais de préférence les raisins Pour s'en débarrasser, il faut échauder les guêpiers avec de l'eau bouillante. On peut encore employer des fioles remplies d'eau et dont les bords sont garnis de miel. Les guêpes viennent s'y noyer.

Les perce-oreilles.

Ces insectes s'attaquent surtout aux pêches et aux abricots. Pour s'en défaire, le mieux est de leur préparer des abris tels que faisceaux de feuilles de pêcher ou d'abricotier Ils s'y rassemblent et on peut alors les détruire en masse.

Les courtilières.

Les courtilières, ou taupes-grillons, vivent comme les taupes dans des galeries qu'elles se creusent dans le sol des jardins maraîchers où elles causent de grands dégâts en coupant les jeunes racines dont elles se nourrissent en même temps que de vers et d'insectes. Comme moyen de les détruire, on se borne à noyer d'eau les ouvertures par lesquelles elles sortent de terre.

Les sauterelles et les criquets.

Ces insectes causent de grands dégâts dans les cultures, sur lesquelles ils s'abattent parfois en quantités innombrables En Algérie, ils font souvent de grands ravages.

Les bruches.

Les bruches des pois sont une espèce de charançons qui pondent leurs œufs dans les graines ; les larves qui en naissent rongent la partie intérieure sans attaquer l'enveloppe.

Les cecidomyes du froment.

Ce sont les mouches à blé qui dévorent la fleur en train de se former.

Les bostriches.

Les bostriches sont des coléoptères comme les hannetons. Leurs larves attaquent le bois des arbres fruitiers.

Les mouches nuisibles.

La *mouche des habitations* est seulement incommode.

La *mouche des cadavres* peut transmettre la maladie du charbon. On doit cautériser à blanc la piqûre de la mouche des cadavres et même celle du *taon* quand elle parait s'envenimer.

Les **œstres** développent leurs larves dans l'estomac du cheval.

Les **hypodermes** les développent sous la peau des jeunes vaches et des veaux.

Autres insectes nuisibles.

Les **iules**, du genre des mille-pattes, vivent dans les lieux humides, sous les pierres, sous la mousse. Ils se nourrissent de végétaux en décomposition. On les détruit comme les perce-oreilles.

Les **ixodes** ou **tiquets** s'attachent à la peau du chien, du mouton, du bœuf, etc., sucent le sang et finissent par atteindre les dimensions d'un petit pois. On les fait tomber avec un mélange d'huile et de térébenthine.

Les **acariens** produisent les maladies connues sous le nom de gale; on les détruit avec de l'essence de térébenthine.

Entretiens.

Quels sont les insectes les plus nuisibles ? Qu'est-ce que le ver blanc ? Que mange-t-il ? Que deviennent les vers blancs ? Pourquoi faut-il détruire les hannetons ? Quels dégâts fait le charançon ? Comment chasse-t-on cet insecte ? A quelles plantes s'attaque l'altise ? — le sylphe opaque ? la cétoine ? — le taupin ? — les chrysomèles ?— les criocères? —les capricornes ? Les papillons sont-ils nuisibles ? A quelles chenilles donnent naissance les papillons du chou ? — les papillons des peupliers ? Quels ravages font les chenilles ? Comment peut-on les détruire ? Quels ravages font les alucites ? — les punaises ?— les cochenilles ? — les pucerons ? Dites pourquoi sont nuisibles les animaux suivants : les fourmis, les guêpes, les perce-oreilles, les courtilières, les sauterelles et les criquets, les bruches, les cécidomyes du froment, les bostriches, les mouches, les iules, les ixodes, les acariens ?

IV. — LES MOLLUSQUES NUISIBLES

Les limaces et les escargots.

Les limaces habitent de préférence les lieux humides; elles se tiennent sous la terre ou sous l'herbe pendant la chaleur du jour et sortent vers le soir. Les limaces rongent les fruits, les bourgeons des arbres, les laitues, les choux des potagers.

Les escargots sont des animaux très nuisibles, qui causent de grands dommages dans les jardins, les vergers et les vignes.

On les détruit, autant qu'on le peut, dans les jardins ; mais comment en débarrasser les champs ? Le mieux est d'épargner et de protéger les animaux qui leur font la chasse : les taupes, les hérissons, les musaraignes, les crapauds, les grenouilles ; service par lequel ils méritent notre protection.

Entretiens.

Qu'appelle-t-on mollusques ? Quels sont les mollusques nuisibles ? Où habitent les limaces ? Quand sortent-elles ? Que rongent-elles ? Dites pourquoi l'escargot est nuisible ? Y a-t-il des procédés pratiques pour nous débarrasser des limaces et des escargots ? Que convient-il donc de faire ?

SUJETS DE RÉDACTIONS

proposés en vue des prochains examens du certificat d'études primaires.

1. — Le campagnard et le citadin. — Comparez la situation de l'ouvrier de la ville au point de vue : 1º du gain, 2º du logement, 3º de l'hygiène, 4º du sort des enfants. Parlez du rôle que remplit l'agriculture et tirez une conclusion.

2. — Dites où mènent l'*ordre* et le *désordre*. Racontez l'histoire de votre voisin Pierre, un fermier négligent. Il a été obligé de vendre sa ferme et ses champs. Il est réduit à être domestique, et sa femme et ses enfants sont bien malheureux. Faites vos réflexions à ce sujet.

3. — Tant vaut l'homme, tant vaut la terre.

Un champ est à vendre, personne n'en veut, il est pierreux, argileux, ne produisant rien ou presque rien. Enfin le propriétaire, qui n'en sait pas tirer parti, le vend pour un prix infime.

L'acheteur, homme intelligent, y donne tous ses soins, l'épierre, le draine et lui fait rapporter chaque année la valeur du prix d'achat, prouvant ainsi que... (Nord).

4. — Quels sont les cantons ou lieux-dits de la commune? Où se trouvent les *terres argileuses, calcaires, siliceuses, humifères*? Quels sont les caractères distinctifs de chacune de ces terres? Quelles sont les plantes qui conviennent à chaque sol?

5. — Dans une leçon sur l'agriculture, le maitre a expliqué l'influence du *sous-sol* en raison de sa composition, de sa perméabilité ou de son imperméabilité. Faites-en le récit à un camarade.

6. — Dites le bien et le mal que fait l'*eau* : 1° dans la cour du cultivateur ; 2° dans les champs.

7. — Monsieur X. . a fait drainer une pièce de terre et vous avez suivi l'opération du *drainage*. Dans une lettre à votre ami Paul, qui habite la ville, vous dites comment on exécute le drainage, dans quel but on le fait et quels en sont les avantages.

8. — Qu'est-ce que l'*assolement* ou rotation? Qu'arriverait-il si une terre produisait les mêmes plantes pendant plusieurs années consécutives? Comment doit se faire la succession des cultures?

9. — Faites la description de la *charrue simple* et du *brabant double*. A quoi servent ces instruments? Pourquoi laboure-t-on et comment exécute-t-on les labours?

10. — Nommez les *instruments aratoires* et quelle est l'utilité de chacun d'eux.

11. — Votre père a *semé* du blé. Parlez du sulfatage des semences, des semis à la volée, au semoir mécanique et des avantages de ce dernier procédé.

12. — Dans une leçon sur l'agriculture, votre maitre vous a parlé de la *sélection* ; du meilleur mode de sélection, de ses avantages, etc. Faites le résumé de cette leçon à un camarade.

13. — Parlez de la *récolte des betteraves* : arrachage

à la main ou la machine. Charrois. Appréciation de la richesse saccharine. Rendement à l'hectare, conservation en silos. Usage des collets et des feuilles.

14. — Vous avez vu *battre le blé* au fléau, au manège, à la machine à vapeur, à la batteuse à plan incliné. Faites le compte-rendu des travaux que vous avez vu faire et donnez votre appréciation sur chacun des procédés du battage.

15 — Si vous aviez à transformer un champ de culture en verger, que feriez-vous ? — Quels arbres planteriez-vous ? — Comment les planteriez-vous ? — Comment les disposeriez-vous ? — Quels soins leur donneriez-vous ?

16. — Quels avantages peut-on retirer des *fumiers* bien soignés ?

17. — Enumérez les principaux *engrais*. Dites brièvement la composition de chacun d'eux et leur mode d'emploi.

18. — Enumérez les services que nous rendent les *animaux domestiques*. Comment faut-il les traiter ? Parlez de la loi Grammont.

19. — Vous décrirez une étable malsaine comme on en rencontre encore trop souvent dans beaucoup de villages et vous en ferez ressortir les inconvénients au point de vue de la santé des animaux. Vous direz ensuite dans quelles conditions vous établirez la vôtre si jamais vous avez à diriger une exploitation agricole quelconque.

(Ardennes).

21. — Quels animaux voit-on dans une *basse-cour*? Dites les produits que votre mère retire de sa basse-cour et comment elle soigne la volaille.

22. — Que savez-vous des *abeilles*, de leurs travaux, des essaims, de la discipline qui règne dans la ruche et du profit qu'on en retire.

23. — Votre maitre vous a montré les diverses manières de *greffer*. Dites à un ami ce que vous savez sur le greffage et les différentes greffes.

24. — Vous avez entendu dire : Mon *jardin* me donne cent francs d'économie par an. Justifiez cette parole et montrez qu'un jardin bien soigné est une source de produits pour la ménagère.

25 — Racontez la promenade botanique que vous avez faite pour l'étude des *plantes nuisibles* Quels fruits en avez vous retirés ?

26. — Quels sont les travaux de la *fauchaison* et de la *fenaison* ? Quelles précautions convient-il de prendre pour conserver au foin sa bonne qualité ?

27. — Racontez la visite que vous avez faite aux champs pour suivre les opérations de la moisson.

28. — LETTRE A UN DÉNICHEUR. — Rappeler à ce méchant enfant que sa conduite est méprisable, que les *oiseaux* sont utiles, l'inviter à ne plus dénicher.

29. — Citez les principaux animaux *ennemis du cultivateur*, et dites comment nous devons les traiter. Quels sont les meilleurs destructeurs des animaux nuisibles et que devons-nous faire envers eux ?

30. — Expliquez cette pensée : Dix ans de *comptabilité* valent vingt ans de pratique. Quelle doit être la comptabilité du fermier ?

31. — On dit que les bons maîtres font les bons serviteurs. Etes-vous de cet avis, pourquoi ? Quels sont les devoirs réciproques des maîtres et des domestiques ?

32. — De quelle utilité sont les *assurances agricoles*. De quelle situation malheureuse préservent-elles un grand nombre de cultivateurs? Citez-en des exemples.

L'HORTICULTURE

L'horticulture est l'art de cultiver les jardins.

Nous ne nous occuperons ici que du jardin potager, qui, bien tenu, est une véritable source de produits, car, avec de la méthode et de la prévoyance, on peut le conserver en état permanent de proluction, en varier les produits et s'assurer en tout temps d'excellentes provisions, aussi utiles au bien-être qu'a la santé des membres de la famille.

Mais si le jardin n'exige pas de travaux bien lourds, en revanche il demande des soins assidus. En dehors des travaux préparatoires de labour (qui se font à la bêche), de ceux d'ensemencement, il y a encore les repiquages, c'est-à-dire la plantation, la mise en place des plantes qui ne doivent pas végéter là où elles ont été semées ; les sarclages pour l'enlèvement des mauvaises herbes et l'ameublissement du sol ; les buttages, opération qui consiste à ramener la terre en butte au pied de la plante pour conserver à ses racines le plus d'humidité po sible ; les insectes nuisibles à détruire ; les récoltes à faire, etc. En un mot, l'entretien d'un jardin n'est pas l'œuvre d'un jour, d'une semaine, mais un travail de tous les jours.

Outils de jardinage. — Les principaux outils de jardinage sont la bêche, la houe, la binette, le rateau, le rouleau, le plantoir, le déplantoir, la brouette, l'arrosoir, la serpe, la serpette et le sécateur.

Il convient de déposer ces instruments en lieu sec et de les tenir proprement.

Entretiens.

Qu'est-ce que l'ho ticulture ? Que peut-on obtenir d'un jardin avec de la méthode et la prévoyance ? Quels sont les principaux travaux de jardinage ? Quels sont les principaux outils de jardinage ?

LES ENGRAIS

Les engrais sont des substances végétales, animales ou minérales qui ont la vertu de nourrir les plantes.

Les engrais végétaux dont on fait généralement usage

dans le jardin sont le *terreau* et les *cendres*, à cause des sels de potasse qu'ils renferment.

Le **terreau** est le plus précieux engrais pour le jardin. Sans terreau point de jardinage. Le terreau de fumier se compose de terre et de fumier très pourri.

Le terreau de feuilles provient de la décomposition des feuilles.

Le terreau de bruyère se compose de débris de végétaux lentement décomposés avec une certaine quantité de sable

Dans la ferme, on mélange du crottin de cheval, du fumier très pourri, des feuilles, des débris de végétaux, de la terre et on obtient un très bon terreau.

Le terreau que l'on trouve dans les vieux saules est un bon engrais pour les fleurs, mais à la condition d'y mêler un peu de cendres de bois.

Les engrais animaux les plus usités sont l'*engrais humain*, déjections liquides et solides des hommes, la *colombine* ou fiente des pigeons et des volailles, le *crottin* de cheval, la *bouse* des vaches, les excréments solides des moutons.

Les engrais minéraux sont la *suie* qui provient des nettoyages de cheminée et le *nitrate de soude*.

Le *fumier* est un engrais mixte parce qu'il est composé de litières de paille barbouillées d'excréments solides et liquides des animaux.

L'emploi de ces divers engrais demande beaucoup de précautions.

Le terreau, le crottin de cheval sont employés à la confection des couches.

On jette les cendres en pluie très fine sur les plantes qui lèvent et avant les rosées et les pluies.

L'engrais humain ne s'emploie qu'additionné d'un tiers d'eau.

On mélange la colombine avec de la terre et un peu de chaux.

La bouse des vaches, les excréments solides des moutons s'emploient délayés dans l'eau.

La suie se jette sur la terre avant la levée des plantes; on l'enfouit aussi pour détruire les vers blancs des hannetons.

On met une pincée de nitrate de soude près des racines de certains végétaux pour en activer la végétation.

Le fumier très pourri s'enfouit après l'hiver.

Les engrais délayés s'emploient en arrosages et ne sont jetés que vers le soir.

Entretiens.

Qu'appelle-t-on engrais ? Quels sont les engrais végétaux utilisés dans la culture du jardin ? Quelle est l'importance du terreau ? Quel terreau fait-on dans les fermes ? Que savez-vous du terreau que l'on trouve dans les vieux saules ? Quels sont les engrais animaux qui conviennent au jardin ? — Les engrais minéraux ? Parlez du fumier ? Avec quels engrais fait-on les couches ? Comment utilise-t-on les cendres ? — L'engrais humain ? — La colombine ? — La bouse des vaches et les urines ? — La suie ? — Le nitrate de soude ? — Le fumier ?

LES ARROSAGES

L'arrosage est une opération importante du jardinage qui exige de l'expérience et du discernement.

On mettra en pratique les conseils suivants : les plantes potagères ont besoin de beaucoup d'eau, les plantes d'ornement peu, les arbres fruitiers très peu.

C'est dans la première période de leur développement que les plantes demandent à être le plus abondamment arrosées.

Les végétaux à racines très ramifiées demandent plus d'eau que les racines charnues.

Une terre sableuse demande à être arrosée plus souvent qu'une terre argileuse.

On reconnaît qu'une plante a soif à la réunion de ces deux signes : 1° la terre, autour de la plante, se durcit et se fend ; 2° la plante languit, ses feuilles se rident et ses jeunes pousses se fanent.

On arrose le soir pendant l'été et le matin pendant le printemps et l'automne.

Pour arroser en pluie on fixe la pomme d'arrosoir, on l'ôte pour un arrosage abondant.

Le choix des eaux destinées à l'arrosage n'est pas indifférent ; à l'eau de puits ou de citerne, il faut préférer celle qui a été longtemps exposée à l'air, l'eau de pluie, qu'on a recueillie dans des cuves placées sous le tuyau de descente des nochères par exemple. L'eau de fumier est excellente

Certaines personnes destinent à l'arrosage un engrais qu'elles préparent ainsi : elles remplissent une futaille à moitié de crottin de cheval, de bouse de vache, elles achèvent d'emplir avec de l'eau ; elles remuent de temps en temps; au bout de huit jours, elles soutirent le liquide obtenu et le répandent sur les plantes du potager.

Entretiens.

L'arrosage est-il une opération importante ? Quels conseils y a-t-il lieu de suivre ? A quels signes reconnaît-on qu'une plante a soif ? A quel moment de la journée arrose-t-on ? Quelle eau convient principalement pour l'arrosage ? Quel engrais liquide peut-on faire dans les fermes ?

LES SEMIS

Comme pour la culture de nos champs, les semailles du jardin doivent être précédées d'un labour.

Les labours sont ordinairement faits après l'hiver.

Au moment de semer, on écrase les mottes de terre et on égalise parfaitement le terrain avec le rateau.

Il est important de faire un bon choix de ses semences. Les graines trop vieilles ne germent pas ; il faut donc faire ses achats à des marchands consciencieux, si l'on ne veut pas s'exposer à des insuccès.

D'ailleurs il est facile de récolter ses graines et de les conserver soigneusement dans des petits sacs étiquetés et placés dans un lieu sec.

Il existe deux manières de semer : à la volée et en lignes.

Pour semer à la volée, on jette les graines sur la terre préalablement préparée avec la houette et le rateau. Ce semis se fait le plus régulièrement possible, c'est-à-dire que tout le carré est ensemencé uniformément. On donne ensuite une façon avec le rateau pour enterrer la semence.

Pour semer en lignes, on trace au cordeau les lignes avec la binette dans le sens de la longueur. On y répand les graines par pincées et on recouvre légèrement avec le rateau.

Le semis en lignes est préférable parce qu'il favorise la culture et les sarclages ultérieurs.

Il faut mieux semer clair que dru, car les plantes ont besoin d'air et de lumière pour acquérir leur développement en grosseur.

La profondeur à laquelle on enterre les graines augmente avec leur volume.

Si la terre est par trop légère, on fera bien de la battre avec un battoir afin de mettre en contact immédiat les graines avec la terre.

Entretiens.

Comment prépare-t-on le sol pour l'ensemencer ? Quelles précautions faut-il prendre dans le choix des graines ? Combien y a-t-il de manière de semer ? Comment procède-t-on pour semer à la volée ? — Pour semer en lignes ? Quelle est le meilleur semis ? Faut-il semer clair ou semer dru ? A quelle profondeur enterre-t-on les graines ? Si la terre est trop légère que faut-il faire ?

LES COUCHES.

Pour hâter l'éclosion de certains semis, pour la culture de certaines plantes, dites *primeurs*, c'est-à-dire dont on veut avancer l'époque de la maturité normale, ou encore auxquelles il est nécessaire en tout temps de donner artificiellement un degré de chaleur que l'atmosphère ne leur fournirait pas, on a recours aux **couches**.

Pour faire une **couche**, on creuse une fosse de 40 centimètres de profondeur, on la remplit de fumier de cheval frais que l'on tasse fortement. Ce fumier est arrosé, puis recouvert de 10 centimètres de terreau retenu par des planches assemblées, sur lesquelles on dépose un vitrage mobile appelé *châssis*. Le fumier ne tarde pas à fermenter activement et à donner de la chaleur. Le dégagement de chaleur est d'abord trop considérable, il diminue au bout de quatre à cinq jours, et lorsque la température intérieure n'est plus supérieure à 25 ou 30 degrés, on peut commencer les semis.

Pour hâter la végétation de certaines plantes, des salades principalement, on les couvre de *cloches de verre*; on leur donne de l'air de temps en temps vers le milieu.

Entretiens.

Qu'appelle-t-on primeurs ? Comment fait-on une couche ? Que met-on au-dessus de la couche ? Quel degré de chaleur faut-il qu'il y ait dans la couche pour commencer les semis ?

Que met-on au-dessus de certaines plantes pour en hâter la végétation ?

LE PIQUAGE OU TRANSPLANTATION

Le semis de certaines graines comme chou, poireau, salade, céleri-rave etc., n'est point destiné à demeurer en place. Quand le plant a acquis assez de développement, on procède au piquage ou transplantation.

Voici comment se fait ce travail

On lève la plante à nue, on coupe les bouts des petites racines, ainsi que l'extrémité du pivot, on supprime ensuite une partie de la tige. On fait un trou avec le plantoir et on y dépose la plante, on en appuie le pied avec la poignée du plantoir.

Les poireaux doivent être replantés en rayons profonds de quinze centimètres et espacés de huit à dix centimètres.

Les choux sont plantés en quinconces et espacés d'environ quarante centimètres ; les laitues également, mais moins espacées ; le céleri-rave est disposé comme les poireaux dans un sillon.

Entretiens.

Quelles sont les plantes que l'on transplante ? Comment se fait la transplantation ? Comment replante-t-on les poireaux ? — les choux ? — les laitues ? — le céleri-rave ?

LES CULTURES D'ENTRETIEN

On nomme cultures d'entretien les préparations que l'on donne à la terre pendant que les plantes qui y croissent sont en végétation.

Les cultures d'entretien sont les sarclages et les binages.

Les sarclages consistent à débarrasser une plante des végétaux qui lui sont étrangers Cette opération se fait ordinairement à l'aide du sarcloir, quelquefois avec la main.

Les sarclages sont des travaux de tous les jours. Chaque visite au jardin doit donner l'occasion, s'il y a lieu, d'arracher quelques poignées d'herbes nuisibles.

S'il s'agit de nettoyer un sol où les plantes sont suffisamment espacées, on emploie le *binage*.

C'est une opération qui s'exécute avec la binette ; elle a pour but de détruire les mauvaises herbes, de casser la croûte de terre, de diviser le sol et de l'aérer.

Les sarclages et les binages sont d'une grande utilité, il faut en donner autant qu'on le peut.

Entretiens.

Qu'appelle-t-on cultures d'entretien ? Quelles sont les cultures d'entretien ? Quel est le but des sarclages ? Comment fait-on ces travaux ? Qu'est-ce que le binage ? Comment s'exécute-t-il ?

LES RÉCOLTES

Au fur et à mesure que les plantes potagères mûrissent, on en fait la récolte avec soin.

Voici comment on procède à la récolte des principaux produits.

Oignons, ails, échalotes. — On les arrache quand leurs fanes sont suffisamment desséchées, on les expose au soleil et on les rentre en temps sec

Carottes et navets. — On les arrache en novembre on en coupe les collets et on les laisse se ressuyer à l'air.

Fèves — On arrache les tiges qu'on met en bottes, on les expose à l'air pour les faire sécher et on les rentre dans un lieu sec.

Haricots. — On les arrache, on en fait des poignées qu'on lie après en avoir ôté les feuilles et on les suspend sous un hangar.

Pois. — On arrache les tiges, on retire les cosses qu'on dispose en chapelets.

Pommes de terre. — On en fait la récolte par un temps sec en se servant de la houe à main. On laisse les tubercules se ressuyer et on les ramasse pour les mettre en tas dans la cave ou en silos.

Entretiens

Comment récolte-t-on les carottes ? — Les navets ? — Les fèves ? — Les haricots ? — Les pois ? — Les pommes de terre ?

LES PORTE-GRAINES ET LEUR CONSERVATION

On peut facilement récolter ses graines. Chaque année il suffit de réserver un carré du potager pour le repiquage des porte-graines de choux, navets, oignons, poireaux, carottes ; ces plantes sont bisannuelles. On les arrache avant l'hiver, sauf les poireaux et les oignons, et on les replante aux premiers beaux jours du printemps.

On choisit les porte-graines vigoureux et bien développés, on les protège contre le vent, les oiseaux et les insectes au moyen de rames et de fils. Quand leur maturité est complète, on les coupe au ras du sol, on en fait des poignées qu'on lie et on les dépose soigneusement dans une chambre bien aérée et sèche.

Les bouquets de porte-graines doivent être étiquetés et placés à l'abri de l'humidité On les dépose souvent au grenier où on les suspend au moyen de cordes pour les mettre hors d'atteinte des rats et des souris.

Il vaut mieux laisser les graines dans leur enveloppe, on les débarrasse de leur paille quelques jours avant d'en faire le semis.

On évitera des insuccès en récoltant d'une manière convenable les graines qu'on doit employer. Si on peut attendre, ces graines sont encore meilleures deux ans après leur récolte.

Entretiens.

Que faut-il faire pour récolter ses graines ? Quels porte-graines choisit-on ? Quels soins faut-il leur donner ? Que fait-on quand les graines sont mûres ? Où dépose-t-on alors les porte-graines ? Est-il bon de laisser les graines dans leur enveloppe ? Les graines de deux ans sont-elles encore bonnes ?

DE LA CONSERVATION DES PRODUITS DU POTAGER

La première chose à faire pour conserver les légumes, c'est de les metttre dans un endroit frais qu'on puisse aérer facilement, et à l'abri des gelées.

Voici comment on procède pour conserver les plantes potagères :

Oignons et échalotes. — On les dépose sur le plancher du grenier, on les couvre avec quelques sacs lors des grands froids.

Ails. — On en fait, en utilisant les fanes, des tresses qu'on suspend à la cheminée du fournil.

Navets. — La meilleure méthode consiste à les empiler dans la cour de la ferme ou dans un coin du potager, en plein air, comme on empile des boulets de canon,

après avoir coupé le pivot de la racine et le collet légèrement; on les recouvre avec une épaisse couche de paille
qu'on assujettit avec des liens pour que le vent ne puisse
l'enlever. Plus tard, dans le cas où les froids seraient
d'une rigueur extrême, on pourrait compléter cette couverture avec du fumier long. L'essentiel, pour la conservation des navets, c'est de bien exposer la conserve à tous
les vents, de ne pas la mettre sous un hangar, fût-il même
ouvert, et de ne pas non plus adosser le tas à un mur.

Carottes. — On les place à la cave, dans du sable,
après avoir coupé leurs collets.

Choux. — On les replante les uns à côté des autres,
de manière que la tige tout entière soit enterrée jusqu'à
la naissance de la pomme Pendant les gelées, on les recouvre d'une épaisse couche de paille. La neige fait pourrir
les choux, il est donc important de les garantir par quelques paillassons quand la neige fait son apparition.

Haricots, fèves. — Leur conservation est facile : on
laisse les graines dans leurs cosses qu'on met en sacs.

Pommes de terre. — On les place à la cave sur une
couche peu épaisse de sable.

Pois. — Les chapelets de petits pois sont disposés au
grenier avec les porte-graines.

Les **poireaux** et les tubercules de **topinambour** passent l'hiver sur place.

Entretiens

Quelle est la première chose à faire pour conserver les légumes? Comment conserve-t-on les oignons et les échalotes ?—
les ails ? — les navets ? — les carottes ? — les choux ? — les
haricots et les fèves ? — les pommes de terre ? — les pois ?

CALENDRIER

Janvier : A la fin du mois, on peut semer sur couche tiède ou sous chassis la carotte rouge courte hâtive de Hollande.

Février : Semer à bonne exposition pois Michaud et pois nains de Hollande. — Semer en pleine terre carottes, navets de Suède. — Récolter les choux de Bruxelles. — Dans la seconde quinzaine de ce mois, découvrir les artichauts pendant le jour et les recouvrir le soir.

Mars : Mettre en place les choux-fleurs semés en septembre et piqués. — Planter les pommes de terre et les topinambours. — Semer des laitues sur terreau et à l'abri. — Semer pois, persil oignons, ciboules, épinards, carottes, cerfeuil, raves, radis, poireaux, choux cabus.

Avril : Continuer les semis de pois. — Semer fèves de marais et pois chiches — Semer épinards, laitues, cerfeuil, chicorée sauvage, navets, radis, choux de Bruxelles, céleri, potirons, thym — Mettre en place les choux-fleurs venus sur couche. — Planter ail, ciboule, échalote.

Mai : Semer haricots, pourpier, épinards, choux-fleurs, cornichons concombres, citrouille — Eclaircir et arroser le plan de carottes. — Semer raves et radis. — Pincer les fèves.

Juin : Semer pois de Clamart, céleri, chicorée, scarole

Juillet : Semer dans un endroit abrité des choux qu'on piquera au printemps suivant. — Butter le céleri. — Tordre les tiges des oignons destinés à être conservés. —

	Semer pour l'arrière-saison salades et persil. — Planter en lignes les poireaux du plant.
Août :	Semer au commencement du mois, à bonne exposition, laitue d'hiver, épinards, raiponces et persil pour l'hiver, choux cœur-de-bœuf pour les piquer en octobre, novembre ou décembre.
Septembre :	Semer choux d'York, choux cœur-de-bœuf, butter le céleri. — On peut encore semer pour l'hiver des épinards, du cerfeuil et des raiponces.
Octobre :	Renouveler le plant d'artichauts qui a déjà donné deux récoltes. — Couper les tiges des asperges, labourer, recharger les racines de bonne terre. — Semer l'oignon blanc pour le transplanter au printemps. — Arracher les pommes de terre.
Novembre :	Piquer choux d'York, choux cœur-de-bœuf, choux de Bruxelles. — Si le froid devient menaçant, butter les artichauts, ôter les carottes, navets. — Mettre à la cave, dans du sable, la chicorée sauvage pour la faire blanchir.
Décembre :	Mêmes indications que le mois précédent.

CULTURE DES ARBRES FRUITIERS.

Une **pépinière** est un terrain dans lequel on fait pousser de jeunes arbres destinés à être transplantés. Le terrain choisi doit être riche, profond et abrité contre les vents du Nord ; il sera défoncé de 0^m50 de profondeur.

Semis. — Les graines et noyaux seront préalablement soumis à la stratification. Cette opération consiste à les mélanger avec de la terre légère dans un pot à fleur qu'on enterre dans le jardin, en le surmontant d'une petite butte de terre pour en écarter les eaux. Ces graines germent au mois de février, on les retire au mois de mars, on coupe l'extrémité de la radicule pour l'empêcher de pivoter et on sème en planches par lignes espacées de 0^m25 et de 3 à 5 centimètres ; on recouvre ensuite de terreau De novembre à mars de l'année suivante, on repique les sujets obtenus à 0^m20 de distance, et un an plus tard on les place en quinconce de 40 à 50 centimètres pour les arbres à basse tige et à 50 ou 60 centimètres pour les arbres à haute tige. On les taille sur un œil bien vigoureux de façon à obtenir une tige droite et élancée.

Des mères. — Les arbres de jardin ne se greffant pas sur franc, il faudra planter en pépinière des mères de paradis et de doucin propres à recevoir la greffe des pommiers, des mères de cognassier pour en obtenir des sujets propres à recevoir les greffes de poiriers, des mères de vignes, de groseilliers, etc., pour en tirer des marcottes.

Ces mères se plantent en lignes à 1^m30 de distance, on les rabat près de terre tout de suite, ou mieux la seconde année après la première pousse, lorsqu'elles sont bien enracinées On butte les paradis, doucins et cognassiers pour faire prendre racines aux jeunes pousses et on couche les tiges de la vigne et des groseilliers pour en faire des marcottes.

Plantation. — C'est en novembre que l'on commence la plantation des arbres fruitiers, les meilleures variétés de poirier surtout.

Boutures — A la fin du mois de mars on commence à planter les boutures préparées en février.

Marcottage. — En mars on marcotte et on butte les pieds des cognassiers, des paradis et de tous les arbrisseaux qu'on multiplie de cette manière.

Greffage. — (Voir ce que nous en avons dit au chapitre XIX, « Les arbres fruitiers, » pages 61 et 62).

De la taille.

La taille est une opération qui permet de donner aux arbres la forme qu'on désire, de les débarrasser des branches inutiles ou mal placées. Par la taille on favorise et régularise la production, on obtient des fruits meilleurs et plus gros.

On taille les arbres fruitiers de novembre au mois de mars : c'est la taille d'hiver.

Ce travail se fait à l'aide de la serpette et du sécateur.

Les opérations qui se rattachent à la taille sont l'ébourgeonnement, le pincement, l'entaillage, les incisions et.le palissage.

L'ébourgeonnement a pour but de supprimer les bourgeons mal placés ou inutiles, afin de laisser plus de sève aux autres ; il se fait en été.

Le pincement a pour but de supprimer la partie supérieure des bourgeons afin de modérer et d'arrêter la sève; il se fait au printemps et en été.

L'entaillage consiste à faire des entailles transversales sur l'écorce du tronc ou des branches, afin d'arrêter la sève momentanément sur une partie de l'arbre pour développer l'autre ; il se fait au printemps.

Les incisions annulaires au-dessous des fruits ont pour but de les faire grossir et en avancer la maturité.

Le palissage consiste à attacher, à l'aide de jonc ou d'osier, les rameaux de l'année sur des treillages ou aux murs.

Maladies des arbres fruitiers. — Quand une partie du tissu ligneux est morte, c'est la *névrose* ; quand on serre trop les liens d'osier en palissant, il se forme des *bourrelets* ; une mauvaise taille, une blessure faite à l'arbre peuvent occasionner des *ulcères*; la *carie* est une maladie par laquelle le bois se pourrit et tombe en poussière, entraînant ainsi la mort du végétal ; l'*oïdium* est une sorte de moisissure qui attaque les feuilles et les fruits de la vigne.

Ces maladies se guérissent difficilement, surtout les *ulcères* et la *carie* Il est donc nécessaire de tailler et de palisser avec attention et de ne faire aucune blessure aux arbres. On prévient l'*oïdium* avec du soufre en poudre que l'on projette à l'aide d'un soufflet spécial.

En terminant, nous rappelons qu'il convient d'écheniller avec soin les arbres fruitiers, de les débarrasser des mousses et des lichens.

Conservation des fruits. — Pour les conserver, on fera poser dans la cave des planches avec un rebord et fixées au mur; on y placera les fruits le plus délicatement possible afin d'éviter les meurtrissures et de manière qu'ils ne se touchent pas On fera la visite de temps en temps,

On prendra les plus avancés les premiers et ceux qui, malgré ces soins, commencent à se gâter.

Entretiens.

Qu'est-ce qu'une pépinière ? Quelles qualités doit avoir le terrain choisi ? Qu'est-ce que la stratification ? Comment repique-t-on les jeunes sujets la 1re année ? — la deuxième année ?

Que greffe-t-on sur les mères de paradis et de doucin ?—sur les mères de cognassier ? Comment plante-t-on ces mères ? Comment obtient-on des marcottes.

A quelle époque plante-t-on les arbres fruitiers ? A quelle époque plante-t-on les boutures ? A quelle époque marcotte-t-on ?

Qu'est-ce que la taille ? A quelle époque taille-t-on les arbres fruitiers ? Qu'est-ce l'ébourgeonnement ? — le pincement ? — l'entaillage ? — les incisions ? — le palissage ?

Quelles sont les maladies des arbres fruitiers ? Est-il facile de guérir les ulcères et la carie ? Comment prévient-on l'oïdium ?

Comment conserve-t-on les fruits ?

LA PHARMACIE DU JARDINIER

L'artichaut est fébrifuge. Les cultivateurs du Berry, qui souffrent des fièvres intermittentes, avalent pour s'en guérir de la poudre de feuilles d'artichaut.

Quelques personnes boivent, dans le même cas, des infusions de feuilles fraîches ou desséchées, à raison de 15 à 30 grammes par litre d'eau bouillante. D'autres font bouillir la racine d'artichaut dans du vin blanc et boivent cela pour combattre l'hydropisie et la jaunisse.

L'asperge jouit partout d'une grande réputation pour ses propriétés apéritives, diurétiques et calmantes. La soupe aux asperges soulage dans les affections de la vessie et dans certains rhumes. Les racines sont également diurétiques, les jeunes pousses ont une action calmante sur la circulation du sang et particulièrement sur les mouvements du cœur.

La bette ou poirée sert dans les fermes à envelopper le beurre. Ses larges feuilles sont émollientes et adoucissantes ; elles entrent dans la confection des bouillons d'herbes. On en fait aussi des boissons employées contre les inflammations des intestins. Chacun sait que les

feuilles s'emploient au pansement des plaies de vési-
catoires.

La betterave à salade est un aliment sain et rafraîchissant On en fait des salades excellentes dans les
fermes.

La carotte ou racine jaune est un légume bienfaisant
contre les maladies du foie. Râpée ou écrasée et appliquée
sur les dartres, la carotte apaise les douleurs et les fortes
démangeaisons.

Le céleri est une plante à salade peu cultivée dans les
fermes Elle est saine, agréable, apéritive et diurétique.
Les graines sont excitantes et carminatives.

Le cerfeuil est excitant et diurétique. On l'associe à
toutes sortes de mets, et pour aromatiser les bouillons.

La chicorée offre de nombreuses variétés. La chicorée
amère ou sauvage est tonique, laxative, fébrifuge et dépurative.

Le chou a eu autrefois une grande réputation hygiénique. Les Romains, dit-on, se sont passés de médecins
pendant plusieurs siècles, mais alors ils consommaient
beaucoup de choux. Le chou rouge a des propriétés
pectorales.

Pour les personnes robustes, les choux sont un aliment
très sain, et à la campagne on en fait une grande con-
sommation. Ils passent pour être gras par eux-mêmes,
probablement parce qu'on les fait cuire habituellement
avec du lard, du bœuf ou des volailles.

La courge fournit un aliment sain, adoucissant, qui
apaise la chaleur et l'irritation des viscères. Les tartes à
la courge sont un vrai régal à la campagne.

Le cresson a des propriétés connues partout. C'est en
effet une plante dépurative, diurétique et expectorale.
Le cresson excite l'appétit et fortifie l'estomac. Toutefois, les personnes nerveuses doivent en user modéré-
ment.

L'échalote a des propriétés analogues à celles de l'ail,
mais elle a une saveur moins forte, ce qui la fait préférer
à l'ail par bien des personnes.

L'épinard est sain, rafraîchissant et laxatif. On en met
dans les bouillons rafraîchissants, avec de la laitue et du
cerfeuil.

La fève est un aliment recherché, agréable. La farine de fève s'emploie en bouillie contre les diarrhées persistantes. On en fait aussi des cataplasmes légèrement résolutifs.

Le fraisier est diurétique, apéritif et astringent par sa racine. Cette racine sert à faire des décoctions qui rendent des services dans les hémorrhagies. Les fraises conviennent aux tempéraments sanguins On prétend que des personnes ont été guéries de la goutte en mangeant des fraises matin et soir.

Le haricot est un légume sain et appétissant quand il est bien cuit et bien préparé. Les haricots verts sont aqueux et peu nourrissants ; l'enveloppe du haricot, appelée parchemin, le rend plus ou moins indigeste et venteux pour certains estomacs délicats.

La laitue est un aliment qui tempère la soif et procure du sommeil. Les feuilles servent à faire des cataplasmes émollients.

La mâche ou levrette, ou encore doucette, est adoucissante, pectorale, rafraîchissante et laxative.

Le melon, mangé avec modération, est doux, sucré et bon à l'estomac pendant les chaleurs. Quand les chaleurs sont passées, on le dit fiévreux.

Le navet fournit un aliment sain et laxatif.

L'oignon est excitant, diurétique et vermifuge.

L'oseille est tempérante, diurétique et rafraîchissante et de facile digestion.

Le persil est un condiment diurétique

Le pissenlit augmente aussi la sécrétion des urines.

Le poireau est le légume le plus employé dans la soupe. Il est diurétique, expectorant et émollient. On en fait cuire qu'on applique sur les abcès et panaris pour les guérir.

NOTIONS COMPLÉMENTAIRES

I. — FAMILLES VÉGÉTALES.

On divise d'abord les végétaux en deux grandes catégories : les végétaux **à fleurs** et les végétaux **sans fleurs** Ces derniers comprennent les champignons, les algues, les mousses et les fougères. Les premiers sont, selon la conformation de leurs fleurs, partagés en nombreuses familles dont les principales sont les suivantes :

1° *Dicotylédones*, c.-à-d. plantes dont les graines renferment deux cotylédons.

Amentacées : fleurs disposées en chatons et feuilles alternes tombant tous les ans ; ex. : *bouleau, aune, charme, hêtre, châtaigner, chêne, noisetier ;* — **Borraginées** : corolles à cinq pétales soudés renfermant cinq étamines et un seul style ; ex. : *grande consoude, bourrache, myosotis, héliotrope ;* — **Caprifoliacées** : corolle en forme d'entonnoir composée de cinq pétales auxquels sont attachées autant d'étamines et contenant un seul pistil ; ex. : *sureau, chèvrefeuille ;* — **Caryophyllées** : fleurs régulières généralement à cinq sépales et à cinq pétales, à styles libres et à feuilles opposées ; ex : *saponaire, œillet, silène, lychnis ;* — **Composées** : fleurs formées d'une grande quantité de petites fleurs réunies sur un même plateau appelé *réceptacle ;* ex. : *pâquerette, seneçon, souci, camomille, chardon, laitue, salsifis, artichaut ;* — **Crucifères** : fleurs à quatre pétales en croix. six étamines dont deux plus courtes que les autres ; ex. : *past-l, giroflée, bourse-à-pasteur, julienne, cameline, radis, moutarde, cresson ;* — **Cucurbitacées** : fleurs dont le calice et la corolle sont formés de cinq parties soudées ensemble ; fleurs mâles contenant 5 étamines et fleurs femelles renfermant un ovaire adhérent au fond de la corolle et muni de plusieurs styles ; ex. : *melon, citrouille, concombre, bryone ;* — **Labiées** : tige carrée garnie de fleurs à deux lèvres et dont le fruit est semblable à celui des *Borraginées ;* ex. : *lamier, menthe, sauge, thym, mélisse, sarriette, lavande ;* — **Légumineuses :** corolle formée de cinq pétales irréguliers dont les deux inférieurs soudés forment une *carène,* les deux latéraux des *ailes* et le supérieur un *étendard ;* ex. : *pois, genêt, fève, haricot, ajonc, luzerne, trèfle, vesce, lentille, gesse ;* — **Malvacées :** fleurs à double calice ; ex. : *guimauve et mauve ;* —

Ombellifères : plantes dont les fleurs réunies en tête forme un groupe semblable à une sorte de parapluie retourné par le vent : ex. : *persil, fenouil, ciguë, cerfeuil, angélique, carotte* ; — **Papavéracées** : fleurs à quatre pétales, étamines nombreuses ; ex : *chélidoine, pavot, roquelicot* ; — **Polygonées** : fleurs formées d'une seule enveloppe, fruit ne s'ouvrant pas, feuilles alternes munies d'une gaîne à leur base ; ex. : *oseille, sarras n, renouée* ; — **Renonculacées** : corolle et calice souvent formés de cinq folioles, nombreuses étamines, plusieurs ovaires surmontés chacun d'un style : ex. : *renoncule, anémone, nigelle, dauphinelle, aconit* ; — **Résédacées** : fleurs en grappes à l'extrémité des tiges, irrégulières et à pétales profondément divisés ; ex. : *réséda, gaude* ; — **Rosacées** : fleurs à cinq pétales et à cinq sépales et qui renferment souvent une quantité innombrable d'étamines fixées sur le calice ; ex : *amandier, pêcher, abricotier, prunier, cerisier, ronce, fraisier, néflier, sorbier, poirier, pommier* ; — **Solanées** : fleurs formées de cinq sépales réunis entre eux à la base, de cinq pétales soudés, de cinq étamines insérées à la base de la corolle au point où les pétales se joignent et d'un seul pistil ; ex. : *pomme de terre, aubergine, tomate, tabac, bouillon blanc, douce-amère belladone, pomme épineuse, jusquiame, morelle noire ou tue-chien.*

2° *Monocotylédones*, c.-à-d. plantes dont les graines n'ont qu'un seul cotylédon :

Graminées : fleurs groupées en épis ; ex : *blé, seigle, orge, maïs, ivraie, chiendent, vulpin, brôme*, etc. ; — **Liliacées** : fleurs régulières formées de trois ou six sépales et d'autant de pétales semblables, et renfermant six étamines ; ex. : *ail, échalote, asperge, muguet, tulipe.*

3° *Polycotylédones*, c.-à-d plantes dont les graines renferment presque toujours plus de deux cotylédons :

Conifères : fleurs disposées en châtons, fruits en cônes, arbres ordinairement toujours verts ; ex. : *pin, sapin*

II. — LES MAMMIFÈRES

Les **mammifères**, animaux vertébrés qui élèvent leurs petits avec le lait de leurs *mamelles*, se divisent en plusieurs ordres dont les principaux sont : les **bimanes** à deux mains (*homme*); les **quadrumanes**, dont les quatre membres sont terminés par des mains (*singe*) ; les **chéiroptères**, dont les membres sont réunis par une peau qui leur permet de voler (*chauve souris*); les **insectivores**, qui vivent d'insectes (*taupe, hérisson, musaraigne*) ; les **carnassiers**, ou mangeurs de chair (*chien, hyène, chat, ours, blaireau, fouine, loutre, phoque, morse*) ; les **rongeurs** aux incisives longues et taillées en biseau (*rat, castor,* marmotte, *loir, lapin, écureuil*) ; les **édentés** dont les dents manquent parfois ou sont nombreuses et toutes semblables (*tatou fourmilier*); les **pachydermes** dont la peau est très épaisse (*éléphant, hippopotame, cochon, cheval, âne*) ; les **ruminants**, qui ont la faculté de ramener dans leur bouche les aliments déjà avalés une première fois (*chameau, cerf, girafe, chèvre, bœuf, mouton*) ; les **cétacés**, qui ressemblent à des poissons mais qui respirent l'air, à la surface des eaux, à l'aide de poumons (*baleine, dauphin, cachalot*) ; les **marsupiaux** ou animaux qui abritent et nourrissent dans une poche située sous le ventre, les petits très faibles auxquels ils donnent naissance (*sarigue, kangourou*).

OISEAUX : les **oiseaux** sont des *vertébrés*. Ils sont divisés en plusieurs ordres plus ou moins importants : les *oiseaux de proie* ou mangeurs de chair ; les *gallinacés*, de la même famille que la poule, (poule, faisan, paon, dindon, perdrix); les *pigeons* ; les *échassiers* aux jambes très longues, (cigogne, héron, bécasse) ; les *palmipèdes* qui ont les doigts des pieds réunis par une membrane (canard, oie, cygne) les *grimpeurs*, dont les pieds servent à grimper (coucou, pic) les *passereaux* et les *perroquets*. — Les **oiseaux de proie** sont *diurnes* (vautour, aigle, faucon, buse, épervier) ou *nocturnes* (chouette, hibou), selon qu'ils cherchent leur nourriture pendant le jour ou la nuit. Les **passereaux** sont les uns, *à gros bec*, comme le moineau, l'alouette, le pinson, la mésange, le chardonneret, le bouvreuil, la pie, le geai ; les autres *à bec fin*, comme la fauvette, le merle, le rossignol, la bergeronnette.

III. — LES ANIMAUX INVERTÉBRÉS

Les animaux invertébrés sont ceux dont le corps n'est pas soutenu à l'intérieur par un squelette formé de vertèbres. Les invertébrés forment plusieurs grands groupes :

1° Les *Articulés*, dont les pattes sont formées d'articles (abeille, mille-pattes, araignée, écrevisse).

2° Les *Vers*, dont le corps est allongé, mou et dépourvu de coquille (sangsues, vers intestinaux, vers de terre).

3° Les *Mollusques* dont le corps mou est ordinairement protégé par une coquille plus ou moins dure (escargot, limace, huître).

4° Les *Polypes* qui ressemblent à des plantes ou à des fleurs (corail, étoile de mer).

5° Les *Éponges* dont le corps est criblé de trous.

6° Les *Protozoaires* animaux microscopiques qui vivent dans les eaux et dans les infusions.

IV. — LES INSECTES

Les **insectes** sont des *articulés* dont la tête, le thorax et l'abdomen sont parfaitement distincts. Ils ont trois paires de pattes et se divisent en plusieurs groupes : les *coléoptères*, les *orthoptères*, les *hémiptères*, les *névroptères*, les *hyménoptères*, les *lépidoptères*, les *diptères*.

Les **coléoptères** ont quatre ailes dont les deux supérieures, dures et cornées (*élytres*), recouvrent les inférieures qui sont pliées transversalement : *hanneton, capricorne, criocère*, etc. — Les **orthoptères** ont les ailes inférieures plissées longitudinalement et des élytres molles : *forficule, sauterelle*. — Les **hémiptères** sont caractérisés par l'absence de mandibules, lesquelles sont remplacées par un suçoir solide et dur : *pou, punaise, puceron*. — Les **névroptères** ont quatre ailes membraneuses semblables traversées par des nervures en réseau. Ils sont pourvus d'une bouche propre à broyer les insectes : *libellule, agrion*. — Les **hyménoptères** ont quatre ailes membraneuses semblables, à nervures grossières, et sont pourvus de mandibules et d'un suçoir : *guêpe, bourdon, fourmi*. — Les **lépidoptères** comprennent tous les *papillons*; ils ont quatre ailes semblables recouvertes d'une sorte de poussière et sont pourvus d'une trompe enroulée. — Les **diptères** n'ont que deux ailes et sont pourvus d'une trompe et de stylets pour piquer : *taon, œstre, mouche à viande*.

V. — BAROMÈTRE

Quand on renverse vivement une bouteille pleine d'eau dans un verre contenant également de l'eau, la bouteille ne perd pas une goutte de liquide ; cela provient de la pression que l'air exerce sur le liquide du verre et par suite sur celui de la bouteille. On a constaté que l'eau contenue dans un tube de 6, 8, 10 mètres de longueur ne s'échappe pas davantage ; mais qu'au delà de ces dimensions la colonne d'eau ne se maintient pas à une plus grande hauteur que 10^m33 ; ce qui veut dire que la **pression atmosphérique** fait équilibre au poids d'une colonne d'eau de 10^m33 de hauteur. Si on remplace l'eau par un liquide beaucoup plus lourd, le *mercure*, par exemple, qui pèse 13 fois 1/2 plus que l'eau à volume égal, la colonne sera nécessairement 13 fois 1/2 moins élevée. Le **baromètre** se construit d'après ces principes ; il se compose d'un tube de 85 centimètres environ de longueur qu'on a rempli de mercure et renversé, par sa partie ouverte, dans une cuvette contenant également du mercure. Le mercure a abandonné la partie supérieure qui forme une chambre **barométrique** vide d'air. L'appareil ainsi préparé se fixe sur une planchette graduée

en centimètres et contenant les indications suivantes : *très sec,*
beau fixe, beau, variable, pluie ou *vent, grande pluie, tem-*
pête, lesquelles sont établies de manière que le mot variable
soit à la hauteur barométrique moyenne du lieu de l'obser-
vation et que les mots très sec et tempête soient l'un à 25 millimètres au-dessus, l'autre à 25 millimètres au-dessous de la
division marquée *variable*. — On sait d'ailleurs que la pression
atmosphérique moyenne est *ordinairement* de 760 millimètres
au niveau de la mer et qu'elle diminue *à peu près* de un mil-
limètre par 10 mètres d'altitude pour les différents lieux. —
Les indications sur les prévisions du temps sont basées sur ce
fait que la pression atmosphérique varie avec les courants qui
s'établissent dans la masse de l'air. Elles sont parfois fort
exactes, mais il ne faut pas toujours y attacher une grande
importance, si surtout la colonne mercurielle s'élève très rapidement, de plus de un centimètre, par exemple, en un jour.

TABLE DES MATIÈRES

AGRICULTURE

		Pages.
Introduction		3
Chapitre I⁻ʳ. — L'agriculture		5
— II — Les plantes.		6
— III. — Le sol et le sous-sol		8
— IV. — Les amendements.		10
— V. — Les engrais		11
— VI. — Le drainage		18
— VII. — Les instruments aratoires . . .		19
— VIII. — Les semailles		24
— IX. — Les céréales		26
— X. — Légumineuses		32
— XI. — Les racines.		34
— XII. — Les graines oléagineuses . . .		36
— XIII. — Les plantes textiles		37
— XIV. — Plantes diverses		38
— XV. — Les plantes fourragères. — Les prairies		39
— XVI. — Les assolements		43
— XVII. — Les plantes nuisibles		45
— XVIII. — Les animaux de la ferme . . .		46
La basse-cour		57
— XIX. — Les arbres fruitiers		61
— XX. — Les abeilles.		62
— XXI. — L'économie rurale		63
— XXII. — La comptabilité		64
— XXIII. — Institutions auxiliaires de l'agriculture		64
— XXIV. — Législation rurale		66
La loi Grammont		70

DEUXIÈME PARTIE

NOTIONS SUR LES AUXILIAIRES DES CULTIVATEURS

Pages

Le chien	72
Le chat	72
Le hérisson	73
La chauve-souris	73
La taupe	74
La musaraigne	74
Le crapaud	75
La grenouille	76
La salamandre	76
Le hibou, la chouette, l'effraie	76
Le geai	77
Le pinson	77
L'hirondelle et l'alouette	77
La fauvette et le traquet	78
Le pic	78
Les mésanges et le troglodyte	78
Le chardonneret et le rouge-gorge	79
Le loriot et le coucou	79
Le merle et le sansonnet	79
La bergeronnette, la lavandière et le verdier . . .	80
Les insectes utiles	80
Les reptiles utiles	81

LES ENNEMIS DU CULTIVATEUR

Le renard	83
La belette	83
Le putois	83
La fouine	83
Les rats	84
Les souris	84
Les mulots	84
Les campagnols	84
Les rats des moissons. Les loirs et les lérots . . .	84
Les loutres	85
La pie	85
Le corbeau et le ramier	85
Le milan, l'épervier et la buse	86
Le hobereau et l'émerillon	86
Les hannetons	86
Le charançon	87
L'altise	87
Le sylphe de la betterave	87
La cétoine	87

Pages

Le taupin. 88
Les chrysomèles 88
Les criocères 88
Les capricornes 88
Les papillons. 88
Les chenilles. 89
Les alucites. 89
Les punaises. 89
Les cochenilles 90
Les pucerons. 90
Les fourmis 90
Les guêpes 91
Les perce-oreilles 91
Les courtilières. 91
Les sauterelles et les criquets 91
Les bruches 91
Les cécidomyes du froment 91
Les bostriches 91
Les mouches nuisibles 92
Autres insectes nuisibles 92
Les limaces et les escargots 93
Sujets de rédactions proposés en vue des prochains
    examens du certificat d'études primaires . . . 93

HORTICULTURE

Horticulture. 97
Les engrais 97
Les arrosages 99
Les semis 100
Les couches 101
Le piquage ou transplantation 102
Les cultures d'entretien 102
Les récoltes 103
Les porte-graines et leur conservation . . . 103
Conservation des produits du potager . . . 104
Calendrier 106
Culture des arbres fruitiers 107
La pharmacie du jardinier 110

NOTIONS COMPLÉMENTAIRES

Les familles végétales. 113
Les mammifères 114
Les animaux invertébrés 115
Les insectes 116
Le baromètre 116

Arras. — Imp. Robard Courtin.